U0571688

电气线路安装与调试

主　编　陈　丽　师　辉

副主编　李先知　曹朋会

参　编　邓永恒　孙敦峰　李　杰

　　　　孙　显　李培良

主　审　邵泽强

北京理工大学出版社
BEIJING INSTITUTE OF TECHNOLOGY PRESS

内容简介

本书共有七个模块和十四个子模块。七个模块具体为三相异步电动机全压单向起动控制电路的安装与调试、三相异步电动机全压双向起动控制电路的安装与调试、三相异步电动机顺序控制电路的安装与调试、三相异步电动机降压起动控制电路的安装与调试、三相异步电动机制动控制电路的安装与调试、双速异步电动机控制电路的安装与调试、常用机床电气电路的故障检修。每个模块下设有 1~4 个子模块，每个子模块的编写分为学习目标、知识模块、操作模块、操作评价、拓展教学和知识测评等几个环节，将理论教学、实践教学、评价反馈有机结合起来。前六个模块是理论知识和实践操作相结合的知识积累部分，模块七是提高部分，以实际的案例（车床、铣床）为载体，进一步加深学生对典型控制电路的理解，提高学生对电路的检修能力。

本书适合作为电气自动化技术、电气设备运行与控制及相关专业的教材使用，也适合电气相关专业上岗前的企业员工使用。

版权专有 侵权必究

图书在版编目（CIP）数据

电气线路安装与调试 / 陈丽，师辉主编 . -- 北京：

北京理工大学出版社，2024.1

ISBN 978-7-5763-3436-4

Ⅰ.①电…　Ⅱ.①陈…②师…　Ⅲ.①输配电线路 –

安装 – 高等职业教育 – 教材②输配电线路 – 调试方法 – 高

等职业教育 – 教材　Ⅳ.①TM726

中国国家版本馆 CIP 数据核字（2024）第 032977 号

责任编辑: 陈莉华　　　**文案编辑:** 陈莉华
责任校对: 刘亚男　　　**责任印制:** 边心超

出版发行 / 北京理工大学出版社有限责任公司
社　　址 / 北京市丰台区四合庄路 6 号
邮　　编 / 100070
电　　话 / （010）68914026（教材售后服务热线）
　　　　　　（010）68944437（课件资源服务热线）
网　　址 / http://www.bitpress.com.cn

版 印 次 / 2024 年 1 月第 1 版第 1 次印刷
印　　刷 / 定州启航印刷有限公司
开　　本 / 889 mm×1194 mm　1/16
印　　张 / 11.5
字　　数 / 249 千字
定　　价 / 89.00 元

图书出现印装质量问题，请拨打售后服务热线，负责调换

前言

为落实立德树人根本任务，服务现代制造业培养高素质技术技能人才需要，特编写本书，希望为学生未来的专业学习打下良好的基础。

本书是由一批长期从事电气自动化技术专业课程教学、技能实训指导经验丰富的一线教师和企业工程师编写而成。本书的实训内容贴近生产实际，具有可操作性，可作为电气自动化技术、电气设备运行与控制及相关专业的电气实训教程使用，也可作为中、高级维修电工考证和企业员工上岗前的培训教材。

本书采用模块化编写模式，以学生为主体，以培养学生的技术应用能力为主线，突出了学生核心素养的培养，强化了课程思政，实现了教、学、做、评一体化的教学模式。本书根据最新的国家标准、行业标准编写教材，保证教材的科学性和规范性。本书有七个模块和十四个子模块，每个子模块的编写分为学习目标、知识模块、操作模块、操作评价、拓展教学和知识测评等几个环节，将理论教学、实践教学、评价反馈有机结合起来。前六个模块是理论知识和实践操作相结合的知识积累部分，通过前六个模块的学习，学生可以做到：①了解低压电器的工作原理、选用和检测方法；②掌握典型控制电路的组成和工作原理；③学会典型控制电路的安装、调试和检修。模块七是提高部分，以实际的案例（车床、铣床）为载体，进一步加深学生对典型控制电路的理解，提高学生对电路的检修能力。

本书增加了动画和视频等教学资源，实现了纸质教材＋数字资源的完美结合，形成"纸质教材＋多媒体平台"的新形态立体化教材体系。学生通过扫描书中二维码可以观看相应资源，激发学生自主学习兴趣，实现高效课堂。

本书将培养学生的职业岗位能力和职业素养有机地结合起来，将电气安全操作规范、诚实守信、团队合作、精益求精和7S管理理念贯穿其中，培养学生敬业、精益、专注、创新的工匠精神，有机渗透工匠精神和劳动精神，将职业素养和职业态度融入教材，实现课程思政教育融入学生职业技能培养的全过程，形成全过程育人格局。

为方便教师教学和学生学习，本书提供二维码资源、电子教案、电子课件、习题参考答案等多种数字化教学资源。

二维码资源——在教材中，编者根据多年突出重点突破难点的方法经验，针对重点、难点内容制作了微视频，针对思政教育内容制作了电子阅读材料，使用移动设备扫描书中二维码即可在线观看、阅读。

电子教案——结合教材内容编写教案，体现教学设计意图，为教师备课提供参考。

电子课件——依据教材内容制作电子课件，为教师教学提供帮助。

习题参考答案——提供教材中习题的参考答案，为教师指导学生练习提供方便。

本书由陈丽和师辉担任主编，李先知和曹朋会担任副主编，邓永恒、孙敦峰、李杰、孙显、李培良（江苏巨杰机电有限公司）参与编写，全书由师辉统稿，邵泽强教授主审。

编写本书时，编者查阅和参考了众多文献资料，从中得到了许多教益和启发，在此向参考文献的作者致以诚挚的谢意。编者所在单位有关领导和同事也给予了很多支持和帮助，在此一并表示衷心的感谢。

限于编者水平，书中不妥之处在所难免，敬请广大读者予以批评指正。

编　者

目录

三相异步电动机全压单向起动控制电路的安装与调试

 **子模块 1** 三相异步电动机手动正转控制电路的安装与调试

学习目标

1. 素养目标

（1）通过学习电气实训室安全管理规范，提高安全防范意识和自我保护能力。

（2）在电路的安装检测过程中养成做事认真、踏实的行为。

（3）通过摆放工具、整理工位、打扫卫生养成积极劳动的习惯。

电气实训室安全管理规定

2. 知识目标

（1）熟知开启式负荷开关、组合开关和熔断器的结构、动作原理、符号、型号及含义。

（2）正确识读三相异步电动机手动正转控制电路的原理图、元器件布置图和电气安装接线图。

（3）正确分析三相异步电动机手动正转控制电路的构成及工作原理。

3. 技能目标

（1）学会三相异步电动机手动正转控制电路中低压电器的选用与检测。

（2）按照板前明线布线工艺要求熟练正确安装手动正转控制电路。

（3）能初步检测三相异步电动机手动正转控制电路。

知识模块

　　从专业角度上，"电器"指的是能自动或手动地接通和断开电路，以及能对电路或非电路现象进行切换、控制、保护、检测、变换和调节的元件或设备。按工作电压高低，电器可分为

高压电器和低压电器两大类。高压电器是指额定电压为交流 1 200 V 或直流 1 500 V 及以上的电器；低压电器是指额定电压在交流 1 200 V 或直流 1 500 V 以下的电器。低压电器是电气控制系统的基本组成元件。低压电器按用途可分为低压配电电器和低压控制电器，低压配电电器包括开启式负荷开关、断路器、熔断器等；低压控制电器包括接触器及各种主令电器等。

一、低压电器——常用低压开关

低压开关一般为非自动切换电器，主要作隔离、转换、接通和分断电路用。下面介绍两种常用的低压开关。

1. 开启式负荷开关

开启式负荷开关也称为胶壳刀开关，是一种结构简单、应用广泛的手动电器，主要用作电源隔离开关和小容量电动机不频繁起动与停止的控制电器。所谓隔离开关是指将电路与电源隔开（有明显的断开点），以保证检修人员检修时人身安全的开关。

（1）开启式负荷开关的结构

HK 系列的开启式负荷开关的外形、结构及图形符号如图 1-1-1 所示。

（a）

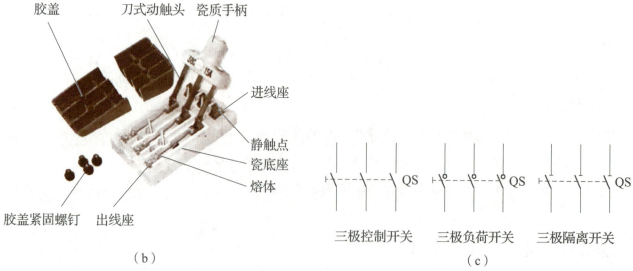

（b）

（c）

图 1-1-1　HK 系列开启式负荷开关的外形、结构及图形符号

（a）外形；（b）结构；（c）图形符号

（2）开启式负荷开关的型号及含义

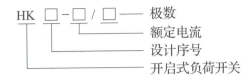

（3）开启式负荷开关的选用

HK 系列开启式负荷开关用于一般的照明电路和功率小于 5.5 kW 的电动机控制电路中。

1）用于照明和电热负载时，选用额定电压为 220 V 或 250 V、额定电流不小于电路所有负载额定电流之和的两极开关。

2）用于控制电动机的直接起动和停止时，选用额定电压为 380 V 或 500 V，额定电流不小于电动机额定电流 3 倍的三极开关。

（4）开启式负荷开关常见故障及处理方法

开启式负荷开关最常见的故障是触点接触不良造成电路开路或触点发热，可根据情况进行修整或更换触点。

2. 组合开关

组合开关常用作电源引入开关，也可用作小容量电动机不经常起动停止的控制。但它的通断能力较低，一般不可用来分断故障电流。

（1）组合开关的结构

组合开关由动触点、静触点、绝缘方轴、手柄、定位板和外壳等组成，其外形、结构及图形符号如图 1-1-2 所示。它的触点分别叠装在数层绝缘座内，动触点与绝缘方轴相连。当转动手柄时，每层动触点与绝缘方轴一起转动，使动、静触点接通或断开。之所以叫组合开关，是因为绝缘座的层数可以根据需要自由组合，最多可达六层。组合开关采用储能合、分闸操作机构，因此触点的动作速度与手柄速度无关。

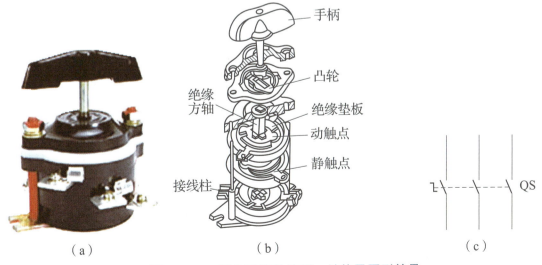

图 1-1-2　组合开关的外形、结构及图形符号

（a）外形；（b）结构；（c）图形符号

（2）组合开关的型号及含义

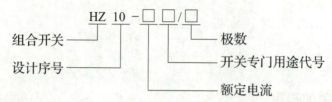

组合开关 —— HZ 10 —□□/□

组合开关 ——
设计序号 ——
额定电流 ——
开关专门用途代号 ——
极数 ——

（3）组合开关的选用

1）用于一般照明、电热电路时，其额定电流应大于或等于被控电路的负载电流总和。

2）当用作设备电源引入开关时，其额定电流稍大于或等于被控电路的负载电流总和。

3）当用于直接控制电动机时，其额定电流一般可取电动机额定电流的 2~3 倍。

（4）组合开关的使用注意事项

1）组合开关不允许频繁操作，每小时的操作不能超过 15~20 次。

2）组合开关的通断能力较低，故不可用来分断故障电流。当用于电动机可逆控制时，必须在电动机完全停转后才允许反向接通。

（5）组合开关的常见故障及处理方法

组合开关在使用过程中会出现各种各样的问题，组合开关的常见故障及处理方法如表 1-1-1 所示。

表 1-1-1　组合开关的常见故障及处理方法

故障现象	可能原因	处理方法
手柄转动后，内部触点未动	手柄上的轴孔磨损变形	调换手柄
	绝缘杆变形（由方形磨为圆形）	更换绝缘杆
	手柄与转轴或转轴与绝缘杆配合松动	紧固松动部件
	操作机构损坏	修理或更换损坏机构
手柄转动后，动、静触点不能按要求动作	组合开关型号选用不正确	更换开关
	触点角度装配不正确	重新装配触点
	触点失去弹性或接触不良	更换触点或清除氧化层或尘污
接线柱间短路	因铁屑或油污附在接线柱间，形成导电层，将胶木烧焦，绝缘损坏而形成短路	更换开关

二、低压电器 —— 熔断器

熔断器的结构简单，价格便宜，动作可靠，使用维护方便，被广泛用于低压供配电系统和控制系统中，在线路中作短路保护（短路：由于电气设备或导线的绝缘损坏而导致的一种电气故障）。使用时，熔断器应串联在被保护的电路中。正常情况下，熔断器的熔体相当于一段导线；当电路发生短路故障时，熔体能迅速熔断分断电路，从而起到保护线路和电气设备的作用。

1. 熔断器的结构和分类

熔断器主要由熔体、安装熔体的熔管和熔座三部分组成，如图 1-1-3（a）所示。熔体是熔断器的核心，常做成丝状、片状或栅状，制作熔体的材料一般有铅锡合金、锌、铜、银等，根据受保护电路的要求而定。熔管是熔体的保护外壳，用耐热绝缘材料制成，在熔体熔断时兼有灭弧作用。熔座是熔断器的底座，用于固定熔管和外接引线。常用的熔断器有瓷插式、螺旋式、无填料封闭管式和有填料封闭管式等型式，其外形如图 1-1-4 所示。

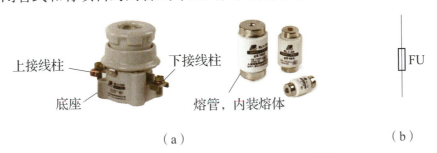

图 1-1-3 熔断器的结构及图形符号

（a）螺旋式熔断器的结构；（b）图形符号

RC1A系列瓷插式

RL1系列螺旋式

RM10系列无填料封闭管式

RT0系列有填料封闭管式

RT18系列有填料封闭管式

RS0、RS3系列快速式

自复式

图 1-1-4 常用熔断器的外形

2. 熔断器的型号及含义

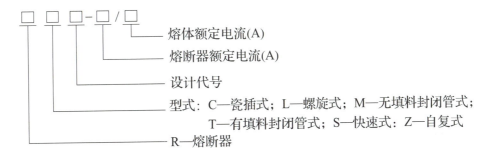

熔体额定电流(A)
熔断器额定电流(A)
设计代号
型式：C—瓷插式；L—螺旋式；M—无填料封闭管式；
T—有填料封闭管式；S—快速式；Z—自复式
R—熔断器

3. 熔断器的保护特性

熔断器的保护特性也称为安秒特性，它表示熔体熔断时间与流过熔体电流大小之间的关系特性，如表 1-1-2 所示。可以看出，熔断器的熔断时间随流过熔体电流的增加而减小。

表 1-1-2　熔断器的熔断电流与熔断时间的数值关系

熔断电流倍数	1.25~1.3	1.6	2	2.5	3	4	8
熔断时间	∞	1 h	40 s	8 s	4.5 s	2.5 s	1 s

4. 熔断器的主要参数

（1）额定电压 U_N

指熔断器长期工作所能承受的电压。如果线路的实际电压大于熔断器的额定电压，熔体熔断时可能会发生电弧不能熄灭的危险。

（2）额定电流 I_N

实际上是指熔座的额定电流，它由熔断器各部分长期工作时允许的温升决定。

（3）熔体的额定电流 I_{RN}

指熔体长期通过而不熔断的最大电流。生产厂家通常会生产不同规格的熔体供用户选择使用。

（4）极限分断能力

指熔断器所能分断的最大短路电流值。极限分断能力的大小与熔断器的灭弧能力有关，而与熔体的额定电流值无关。熔断器的极限分断能力必须大于线路中可能出现的最大短路电流值。

5. 熔断器的选用

（1）熔断器类型的选用

根据使用环境、负载性质和短路电流的大小选用适当类型的熔断器。例如，用于容量较小的照明线路，可选用 RC1A 系列瓷插式熔断器；在开关柜或配电屏中可选用 RM10 系列无填料封闭管式熔断器；对电流比较大或有易燃气体的地方，应选用 RT0 系列有填料封闭管式熔断器；在机床控制电路中，多选用 RL1 系列螺旋式熔断器；用于半导体功率元件及晶闸管保护时，则选用 RLS 或 RS 系列快速式熔断器等。

（2）熔断器额定电压和额定电流的选用

1）熔断器的额定电压 U_N 应大于或等于线路的工作电压 U_L。

$$U_N \geq U_L$$

2）熔断器的额定电流 I_N 必须大于或等于所装熔体的额定电流 I_{RN}。

$$I_N \geq I_{RN}$$

（3）熔体额定电流的选用

1）当熔断器保护电阻性负载时，熔体额定电流等于或稍大于线路的工作电流即可，即

$$I_{RN} \geq I_{L}$$

2）当熔断器保护一台电动机时，熔体的额定电流可按下式计算，即

$$I_{RN} \geq （1.5{\sim}2.5）I'_{N}$$

式中，I'_{N} 为电动机额定电流，轻载起动或起动时间短时系数可取得小些；相反，若重载起动或起动时间长，系数可取得大些。

3）当熔断器保护多台电动机时，熔体额定电流可按下式计算，即

$$I_{RN} \geq （1.5{\sim}2.5）I_{Nmax} + \sum I'_{N}$$

式中，I_{Nmax} 为容量最大的电动机的额定电流；$\sum I'_{N}$ 为其余电动机的额定电流之和；系数的选取方法同前。

6. 熔断器常见故障及处理方法

低压断路器在使用中会出现各种各样的问题，熔断器常见故障处理方法如表 1-1-3 所示。

表 1-1-3 熔断器的常见故障及处理方法

故障现象	可能原因	检修方法
电动机起动瞬间熔体即熔断	熔体规格选择太小	调换适当的熔体
	负载侧短路或接地	检查短路或接地故障
	熔体安装时损伤	调换熔体
熔丝未熔断但电路不通	熔体两端或接线端接触不良	清扫并旋紧接线端
	熔断器的螺母盖未旋紧	旋紧螺母盖

三、手动正转控制电路

1. 电气原理图

图 1-1-5 为三相异步电动机手动正转控制电路的原理图。

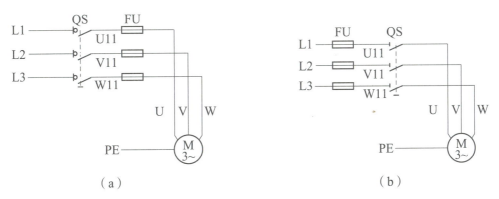

（a）　　　　　　　　　　　（b）

图 1-1-5 三相异步电动机手动正转控制电路的原理图

（a）开启式负荷开关；（b）组合开关控制

2. 电路的工作原理

图1-1-5是三相异步电动机手动正转控制电路。其工作原理如下：

起动：合上电源开关→电动机M接通电源起动运转。

停止：断开电源开关→电动机M断开电源停止运转。

三相异步电动机手动正转控制电路

操作模块

1. 安全教育

学习电气实训室安全管理规范，增强安全意识。（二维码展示电气实训室安全管理规范）

2. 识读电路图

识读电路图1-1-5，明确电路所用元器件及其作用，熟悉其工作原理。按照图1-1-5所示配齐所需元器件，也可参照表1-1-4器具清单配齐所需材料。

经查阅《电工手册》等相关资料和相关计算，手动正转控制电路的器具清单如表1-1-4所示。

表1-1-4　器具清单

序号	名称	型号	规格	数量
1	三相异步电动机M	Y2-100L-4	3 kW、380 V、6.7 A、丫接法、1 430 r/min	1
2	组合开关QS	HZ10-25/3	三极、25 A、380 V	1
3	开启式负荷开关QS	HK1-30/3	三极、380 V、30 A	1
4	熔断器	RT18-32	500 V、配熔体20 A	3
5	端子排	TB-1512/1510	15 A、12节、600 V/15 A、10节、600 V	1
6	导线（动力电路线）	BVR	1.5 mm² （黑色）	若干
7	导线（接地线）	BVR	1.5 mm² （黄绿线）	若干
8			配电板1块，紧固螺丝与编码套管若干	
9	工具		测电笔、螺丝刀、尖嘴钳、斜口钳、剥线钳、冲击钻	
10	仪表		兆欧表、钳形电流表、万用表	

3. 检测元器件

根据电路图或器具清单配齐元器件，并进行必要的检测。学生协作对电源开关、熔断器进行检测，并填写元器件检测记录表1-1-5。开启式负荷开关、组合开关和熔断器的检测方法如下。

（1）开启式负荷开关的检测

1）外观检测。检查外壳有无破损；动触点和静触座接触是否良好。

2）手动检测。扳动刀开关手柄，看转动是否灵活。

3）万用表检测。用万用表检测各相是否正常。

将万用表转换开关拨到蜂鸣挡。

将手柄向下断开刀开关，将万用表红、黑表笔分别放到开关一相的进线端和出线端时，万用表显示".0L"，如图 1-1-6（a）所示；表笔不动，向上合上手柄，万用表发出蜂鸣声，如图 1-1-6（b）所示，说明此相正常。用同样的方法检测其他相的性能。

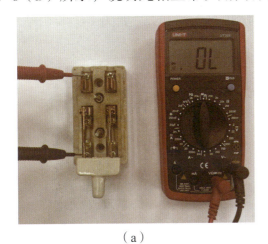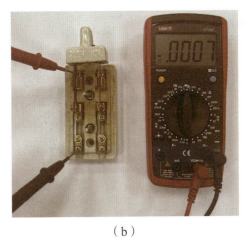

（a）　　　　　　　　　　　　　　　　　（b）

图 1-1-6　开启式负荷开关性能检测

（a）手柄断开时性能检测；（b）手柄闭合时性能检测

（2）组合开关的检测

1）外观检测。检查开关外壳有无破损，触点是否良好。

2）手动检测。转动组合开关手柄，看动作是否灵活。

3）万用表检测。用万用表检测组合开关的触点工作是否正常。

将万用表拨到蜂鸣挡。

将万用表红、黑表笔分别放到组合开关同一层的两个触点上，当组合开关置于图 1-1-7（a）所示位置时，万用表显示".0L"，说明此时这对触点是断开的；转换组合开关手柄，当组合开关置于图 1-1-7（b）所示位置时，万用表发出蜂鸣声，说明此时这对触点是接通的。用相同的办法检测其他两对触点，如果检测现象与描述相符，说明触点良好。否则，说明触点或组合开关损坏。

HZ10-25 组合开关检测

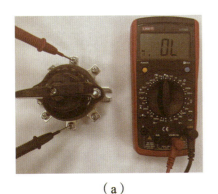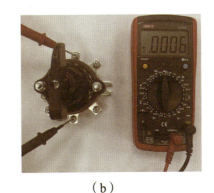

（a）　　　　　　　　　　　　　　　　　（b）

图 1-1-7　组合开关触点的检测

（3）熔断器的检测

1）外观检测。熔断器应完整无损，而且应有额定电压、电流值的标志。

2）万用表检测。用万用表检测熔断器一相的进、出线端工作是否正常。

将万用表拨到蜂鸣挡。

将万用表红、黑表笔分别放在装有熔体的熔断器的两接线端。如果万用表发出蜂鸣声，如图 1-1-8（a）所示，则说明熔断器正常；如果万用表显示".OL"，如图 1-1-8（b）所示，则说明熔断器损坏。

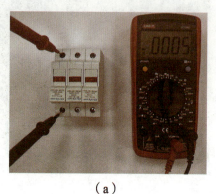 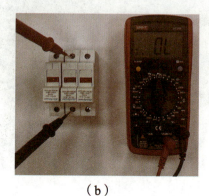

（a）　　　　　　　　　　　　　　　（b）

图 1-1-8　熔断器的检测

表 1-1-5　元器件检测记录表

序号	名称	型号	数量	触点接触电阻		装入熔体熔断器两端接触电阻	备注
				分闸时触点接触电阻	合闸时触点接触电阻		
1	开启式负荷开关						
2	组合开关						
3	熔断器						

4. 安装与接线

（1）绘制元器件布置图和安装元器件

根据图 1-1-9 所示元器件布置图在控制板上安装元器件。在控制板上进行元器件的布置与安装时，各元器件的安装位置应整齐、匀称、间距合理，便于元器件的更换。紧固各元器件时要用力均匀。在紧固熔断器等易碎元器件时，应用手按住元器件，逐渐旋紧螺钉。安装开启式负荷开关和组合开关时应注意下列问题：

1）开启式负荷开关必须垂直安装，且合闸状态时手柄应朝上，不允许倒装或平装，以防发生误合闸事故。

2）接线时，应将电源线接在上端（静触点），负载线接在下端（动触点）。这样，拉闸后开启式负荷开关与电源隔离，便于更换熔体。

3）拉闸与合闸操作时要迅速，一次拉合到位。

4）负载较大时，可与熔断器配合使用。将熔断器装在刀闸负载一侧，刀闸本体不再装熔体，在应装熔体的接点上装与线路导线截面相同的铜线。此时，开启式负荷开关只作为开关使用，短路保护及过载保护由熔断器承担。

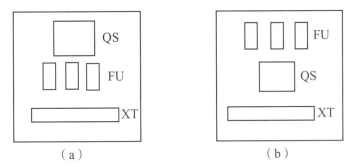

图 1-1-9　三相异步电动机手动正转控制电路的元器件布置图
（a）开启式负荷开关控制；（b）组合开关控制

（2）绘制电气安装接线图

根据图 1-1-10 绘出三相异步电动机手动正转控制电路电气安装接线图。

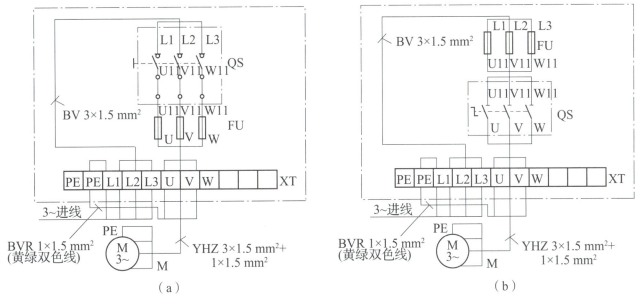

图 1-1-10　三相异步电动机手动正转控制电路的电气安装接线图
（a）开启式负荷开关控制；（b）组合开关控制

（3）布线

根据电气安装接线图 1-1-10 按照板前明线布线工艺要求布线，同时剥去绝缘层两端的线头，套上与电路图相一致线号的编码套管。对螺旋式熔断器接线时应注意，电源进线接在瓷质底座的下接线端，负载线接在金属螺纹壳相连的上接线端。

手动正转控制电路的接线，采用板前明配线的配线方式。其工艺要求如下：

1）布线通道尽可能少，同路并行导线按主电路、控制电路分类集中，分开布置，单层密排，紧贴安装面布线。

2）同一平面的导线应高低一致或前后一致，不能交叉。非交叉不可时，该根导线应在接线端子引出时就水平架空跨越，但必须走线合理。

电气接线工艺

3）布线应横平竖直，分布均匀。变换走向时应垂直。

4）布线时严禁损伤线芯和导线绝缘。

5）布线顺序一般以接触器为中心，由里向外，由低至高，先控制电路，后主电路进行，以不妨碍后续布线为原则。

6）在每根剥去绝缘层的导线两端套上编码套管。所有从一个接线端子（或接线桩）到另一个接线端子（或接线桩）的导线必须连续，中间无接头。

7）导线与接线端子或接线桩连接时，不得压绝缘层、不反圈及不露铜过长。

8）同一元件、同一回路的不同接点的导线间距离应保持一致。

9）一个元器件接线端子上的连接导线不得多于两根，每节接线端子板上的连接导线一般只允许连接一根。

（4）检查布线

根据图 1-1-5 所示电路图，检查布线是否有漏接、错位接线的情况。

工艺示范图

（5）安装电动机

先连接电动机和所有元器件金属外壳的保护接地线，再连接电源、电动机等控制板外部的导线。

5. 测试

（1）不通电测试

在不接通电的情况下，学生用万用表根据下列测量方法对电路进行检测。

1）按电路图或电气安装接线图从电源端开始，逐段核对接线及接线端子处线号是否正确，有无漏接、错接之处。检查导线接点是否符合要求，压接是否牢固。同时注意接点接触应良好，以避免带负载运转时产生闪弧现象。

2）用万用表检查电路的通断情况。检查时，应选用量程适当的电阻挡。

首先将电源开关闭合。将万用表的两表笔分别搭在 L1 和 L2、L1 和 L3、L2 和 L3 之间，阻值应为"∞"，万用表应显示".0L"；再把万用表两表笔分别搭在 L1 和 U、L2 和 V、L3 和 W 两端，如果万用表显示数值约为 0，则电路已通。然后把电源开关断开，将万用表两表笔分别搭在 L1 和 U、L2 和 V、L3 和 W 两端，阻值应为"∞"，万用表应显示".0L"，并把测试结果填入表 1-1-6 中。

表 1-1-6　三相异步电动机手动正转控制电路的不通电测试记录

操作步骤	合上电源开关			断开电源开关		
测试位置	L1—U	L2—V	L3—W	L1—U	L2—V	L3—W
电阻值						

（2）通电测试

在使用万用表检测后，接入电源进行通电测试。通电前，确保电路测量充分，做到应检尽检，在教师的监护下按照下列要求通电。

1）为保证人身安全，在通电试车时，要认真执行安全操作规程的有关规定，一人监护，一人操作。试车前，应检查与通电试车有关的电气设备是否有不安全的因素存在，若查出应立即整改，然后方能试车。

2）通电试车前，必须征得教师的同意，并由指导教师接通三相电源 L1、L2、L3，同时在现场监护。学生合上电源开关后，用测电笔检查熔断器出线端，如果氖管亮，说明电源接通。按照表 1-1-7 的操作步骤操作，观察电动机运行情况是否正常等。但不得对电路接线是否正确进行带电检查。观察过程中，若发现有异常现象，应立即停车。当电动机运转平稳后，用钳形电流表测量三相电流是否平衡。按照顺序测试电路各项功能，并将测试结果填入表 1-1-7 中。

表 1-1-7 三相异步电动机手动正转控制电路的通电测试记录

操作步骤	合上电源开关	断开电源开关
电动机动作		

3）通电试车完毕后，停转，切断电源。先拆除三相电源线，再拆除电动机线。

6. 故障排除

出现故障后，若不能检查出故障，小组成员可互帮互助检查电路，也可在教师的指导下进行检修。若需带电检查时，教师必须在现场监护。检修完毕后，如需要再次试车，教师也应该在现场监护，并填好检修记录单表 1-1-8。

表 1-1-8 三相异步电动机手动正转控制电路的检修记录单

序号	设备编号	设备名称	故障现象	故障原因	排除方法	所需材料	维修日期

 操作评价

教师对学生的课堂表现及电路完成的结果进行指标性评价，并填写表 1-1-9。

表 1-1-9 三相异步电动机手动正转控制电路评价表

评价项目	评价内容	配分	评价标准	扣分
课堂表现	课堂学习参与度	10	不听课、不互动、不参与、不操作，酌情扣分	
	团结协作意识	5	不积极参与小组成员分工协作，酌情扣分	
	语言表达能力	5	不积极参与小组讨论，不能积极地回答问题，酌情扣分	

评价项目	评价内容	配分	评价标准	扣分
安装接线	布线图绘制	5	不能完整正确绘制电路，每错一处扣1分	
	元器件选择与检测	5	（1）元器件选错，扣3分 （2）元器件漏检或错检，每处扣2分	
	元器件安装	5	元器件安装不符合要求，不按元器件布置图安装，元器件安装不牢固，元器件安装不整齐、不匀称、不合理，损坏元件，每处扣2分	
	布线工艺	15	（1）严禁损伤线芯和导线绝缘层，接线端子上不能漏铜过长，若有不符，每处扣5分 （2）每个接线端子上连接的导线根数一般不超过两根，并保证不能压绝缘皮，若有不符，每处扣3分 （3）走线合理，做到横平竖直，整齐牢固，若有不符，每处扣1分 （4）导线出线应留有一定余量，并做到长度一致，若有不符，每处扣1分 （5）导线变换走向要垂直，并做到高低一致或前后一致，若有不符，每处扣1分 （6）避免出现交叉线、架空线、缠绕线和叠压线的现象，若有不符，每处扣2分 （7）导线折弯应折成直角，若有不符，每处扣1分 （8）编码套管套装不正确，每处扣1分 （9）漏接接地线，扣3分	
	整体布局	5	（1）面板线路应合理汇集成线束，若有不符，每处扣1分 （2）进出线应合理汇集在端子排上，若有不符，每处扣1分 （3）整体走线应合理美观，若有不符，每处扣1分	
功能测试	不通电检测	10	（1）有故障查不出，扣10分 （2）有故障，查出故障但不能排除，扣5分	
	电路功能测试（加电试车）	20	（1）闭合开关后，电动机不能实现连续运转，扣10分 （2）断开开关后，电动机不能正常停止，扣10分	
安全文明操作	安全文明操作（满足评价标准的五条规定得15分，有一条不满足则不得分）	15	（1）操作结束后整理现场 （2）穿工作服和绝缘鞋操作 （3）通电试车时，不能跳断路器、烧熔断器和电机等器件 （4）通电试车时，安装板上不乱放工具、导线等 （5）通电试车结束后切断电源	
备注			通电试车前需测试控制电路是否存在短路现象，若存在短路现象则不许通电试车。若发生重大安全事故，总分为0分。若在规定的时间内没有完成电路，总分为0分。	

拓展教学

绘制、识读电路图、元器件布置图和电气安装接线图的原则

1. 电路图

电路图用于表达电路、设备电气控制系统的组成部分和连接关系。通过电路图，可详细地了解电路、设备电气控制系统的组成和工作原理，并可在测试和寻找故障时提供足够的信息。同时电路图也是编制电气安装接线图的重要依据，习惯上电路图也称作电气原理图。电气原理图的图形和文字符号参照 GB/T 4728—2022《电气简图用图形符号》的规定。

绘制、识读电路图应遵循以下原则：

1）电气原理图按所规定的图形符号、文字符号和回路标号进行绘制。回路标号方法如图 1-1-11 所示。

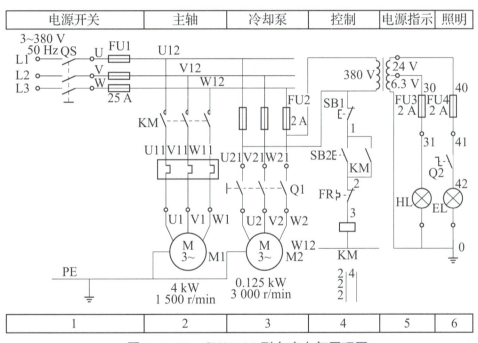

图 1-1-11 CW6132 型车床电气原理图

2）动力电路的电源电路一般绘制成水平线；受电的动力装置、电动机主电路用垂直线绘制在图面的左侧，控制电路用垂直线绘制在图面的右侧，主电路与控制电路应分开绘制。各电路元器件采用平行展开画法，但同一电器的各元器件采用同一文字符号标明。

3）电气原理图中所有电路元器件的触点状态，均按常态时绘制。例如：交流接触器的常开触点和常闭触点均按线圈未通电时的状态绘制。当触点的图形符号垂直放置时，以"左开右闭"的原则绘制，即垂线左侧的触点为常开（动合）触点，垂线右侧的触点为常闭（动断）触点；当触点的图形符号水平放置时，以"上闭下开"的原则绘制，即水平线上方的触点为常闭（动断）触点，水平线下方的触点为常开（动合）触点。

4）在电气原理图中，导线的交叉连接点均用小圆圈或黑圆点表示。

5）在电气原理图上方将图分成若干图区，并标明该区电路的用途与作用；在继电器、交流接触器线圈下方列有触点表以说明线圈和触点的从属关系。交流接触器 KM 下面的数字依次表示主触点的图区、常开触点的图区和常闭触点的图区，如图 1-1-11 所示。

2. 元器件布置图

元器件布置图会详细绘制出电气设备零件安装位置，如图 1-1-9 所示。图中各电器的文字符号必须与相关的电路图、电气安装接线图符号一致。元器件结构和外形尺寸相近的应安装在一起，以利于安装、配线。各种元器件的布置不宜过密，要有一定的间距以便维护和检修。

3. 电气安装接线图

电气安装接线图是电气施工的主要图样，主要用于安装接线、线路的检查和故障处理。

绘制、识读电气安装接线图应遵守以下原则：

1）电气安装接线图不仅要把同一个电器的各个部件画在一起，而且各个部件的布置要尽可能符合这个电器的实际情况，但对尺寸和比例没有严格要求。各元器件的图形符号、文字符号和回路标记均应以原理图为准，并保持一致，以便查对。

2）不在同一控制箱内和不是同一块配电屏上的各元器件之间的导线连接，必须通过接线端子进行；同一控制箱内各元器件之间的接线可以直接相连。

3）电气安装接线图中，分支导线应在各电气元器件接线端上引出，而不允许在导线两端以外的地方连接，且接线端上只允许引出两根导线。凡导线走向相同的可以合并，用线束表示，到达接线端子排或元器件的连接点时再分开画。电气安装接线图上所表示的电气连接，一般并不表示实际走线途径，施工时由操作者根据经验选择最佳走线方式。

4）电气安装接线图上应该详细地标明导线及所穿管子的型号、规格等，如图 1-1-10 所示。电气安装接线图要求准确、清晰，以便于施工和维护。

🔵 知识测评

1. HZ10 系列组合开关（　　　）。

A. 能快速闭合和分断　　　　　　　　　B. 闭合和分断的速度与手柄的速度有关

C. 手柄只能沿一个方向旋转　　　　　　D. 手柄每次只能旋转 60°

2. 用于短路保护的电器是（　　　）。

A. 熔断器　　　　B. 速度继电器　　　　C. 热继电器　　　　D. 组合开关

3. 单台电动机电路熔体额定电流应为电动机额定电流的（　　　）。

A. 7 倍　　　　B. 5.5 倍　　　　C. 2.5 倍　　　　D. 1 倍

　三相异步电动机点动正转控制电路的安装与调试

学习目标

1. 素养目标

（1）通过学习电气实训室安全管理规范，增强安全意识。

（2）在电路的安装检测过程中养成做事认真、踏实的态度。

（3）通过摆放工具、整理工位、打扫卫生等"7S 管理"养成积极的劳动态度。

我的区域我负责 -7S 管理

2. 知识目标

（1）熟知断路器、按钮、交流接触器的结构、动作原理、符号、型号及含义。

（2）理解电路的点动控制。

（3）正确识读三相异步电动机点动正转控制电路的原理图、元器件布置图和电气安装接线图。

（4）正确分析三相异步电动机点动正转控制电路的构成及工作原理。

3. 技能目标

（1）学会三相异步电动机点动正转控制电路中低压电器的选用与检测。

（2）按照板前明线布线工艺要求熟练正确安装点动正转控制电路。

（3）能初步检测三相异步电动机点动正转控制电路。

知识模块

一、低压断路器

低压断路器又叫自动空气开关或自动空气断路器，简称断路器，其外形如图 1-2-1 所示。低压断路器集控制和多种保护功能于一体，是一种综合型电器。低压断路器主要用在交、直流低压电网中，既可手动又可电动分合电路。在线路工作正常时，它作为电源开关接通和分断电路；当电路中发生短路、过载和欠压等故障时，它能自动跳闸切断故障电路，从而保护线路和电气设备。低压断路器也可以用于不频繁起动电动机，是一种重要的控制和保护电器。

低压断路器按结构形式可分为万能式（又称框架式）、塑料外壳式（又称装置式）两大类。万能式断路器主要用作配电网络的保护开关，而塑料外壳式断路器除用作配电网络的保护开关外，还可用作电动机、照明电路的控制开关。

DZ108-20塑料外壳式

DZ5系列塑料外壳式

DZ47V系列

DZ47LE-63带漏电保护式

DW15系列万能式

DW16系列万能式

图1-2-1 常用低压断路器

万能式断路器敞开装在框架上，部件敞开，大都是可拆卸的，便于装配和调整。其特点是所有部件都装在一个钢制框架（小容量的也有用塑料底板）内，它可装设较多附件，有较多的结构变化，有较高的短路分断能力，同时又可实现短延时的短路分断，使电路能选择性断开。常用的型号有 DW10、DW15、DW16 系列，也有从国外引进的万能式断路器，如 ME（DW17）、AE-S（DW18）、3WE、AH（DW914）、M 及 F 系列。

塑料外壳式断路器把所有的部件都装在一个塑料外壳里，结构紧凑、安全可靠、轻巧美观，可以独立安装，常用型号有 DZ10、DZ15、DZ20 等系列。

下面介绍塑料外壳式断路器的结构和工作原理。

1. 塑料外壳式断路器的结构和工作原理

（1）结构

塑料外壳式断路器的主要部分由触点系统、灭弧装置、操作机构、脱扣器、外壳组成。

1）触点系统是断路器的执行元件，用于接通和断开电路。主触点上装有灭弧装置，起到灭弧作用。

2）脱扣器是断路器的感测元件，用来感测电路特定的信号（如过电压、过电流等），电路中一旦出现非正常信号，相应的脱扣器就会动作，通过联动装置使断路器自动跳闸切断电路。脱扣器的种类很多，有电磁脱扣器、热脱扣器、自由脱扣器、漏电脱扣器等。

3）操作机构用于实现断路器的闭合与断开，通常电力拖动控制系统中的断路器是手动操作机构。

4）外壳或框架是断路器的支持件，用来安装断路器的各个部分。

（2）工作原理

低压塑料外壳式断路器动作原理图如图 1-2-2（a）所示，其动作原理介绍如下：

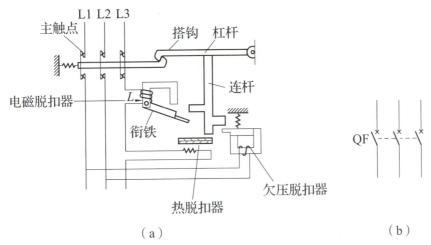

图 1-2-2　塑料外壳式断路器结构、原理图及图形符号

（a）结构、原理图；（b）图形符号

1）3 对主触点串联在被控制的三相主电路中。当按下合按钮时，通过操作机构由锁扣钩住搭钩，克服弹簧的反作用力使三相主触点保持闭合状态。

2）电路工作正常时，热脱扣器的发热元件温度不高，不会使双金属片弯曲到顶动连杆的程度。电磁脱扣器的线圈所产生的电磁吸力不大，不能吸引衔铁去拨动连杆，主触点保持闭合。

3）电路发生短路故障时，使通过电磁脱扣器线圈的电流增大，产生的电磁力增加，将衔铁吸合，并撞击杠杆将搭钩往上顶，使搭钩与锁扣脱钩，弹簧的拉力将主触点断开，切断电源，起短路保护作用。

4）电路中发生过载时，过载电流流过热脱扣器的热元件，使双金属片发热弯曲，将杠杆上顶，使搭钩脱钩，在弹簧作用下，3 对主触点断开，切断电源，起到过载保护作用。

5）电路中电压不足（小于额定电压 85%）或失去电压时，欠压脱扣器的吸力减小或消失，欠压脱扣器的衔铁被弹簧拉开撞击连杆，使搭钩顶开，主触点断开从而切断电路，起到欠电压保护作用。

（3）低压断路器的型号及含义

（4）低压断路器的选用

1）根据电气装置的要求确定低压断路器类型。

一般在电气设备控制系统中，常选用塑料外壳式或漏电保护式断路器；在电力网主干线路中则主要选用框架式断路器；而在建筑物的配电系统中则一般采用漏电保护式断路器。

2）低压断路器的额定电压和额定电流应不小于线路、设备的正常工作电压和工作电流。

3）热脱扣器的整定电流应等于所控制负载的额定电流。

4）电磁脱扣器的瞬时脱扣整定电流应大于负载电路正常工作时的峰值电流。用于控制电动机的断路器，其瞬时脱扣整定电流 I_Z 可按下式选取：

$$I_Z \geq KI_{st}$$

式中，K 为安全系数，可取 1.5~1.7；I_{st} 为电动机的起动电流。

5）欠压脱扣器的额定电压应等于电路的额定电压。

6）分励脱扣器的额定电压应等于控制电源的额定电压。

7）低压断路器的极限通断电流应不小于电路的最大短路电流。

（5）低压断路器常见故障及处理方法

低压断路器在使用中会出现各种各样的问题，低压断路器常见故障及处理方法如表 1-2-1 所示。

表 1-2-1　低压断路器的常见故障及处理方法

故障现象	可能原因	处理方法
触点不能闭合	欠压脱扣器无电压或线圈损坏	检查施加电压或更换线圈
	储能弹簧变形	更换储能弹簧
	反作用弹簧弹力过大	调整反作用弹簧
	机构不能复位再扣	调整脱扣器至规定值
自动脱扣器不能使开关分断	反作用弹簧弹力不足	调整或更换反作用弹簧
	储能弹簧弹力不足或机械卡阻	调整或更换储能弹簧消除卡阻因素
起动电动机时断路器立即分断	电磁脱扣器瞬时整定值过小	调高整定值至规定值
	电磁脱扣器的某些零件损坏	更换脱扣器
断路器闭合后一定时间自行分断	热脱扣器整定值过小	调高整定值至规定值
断路器温度过高	触点压力过小	调整或更换压力弹簧
	触点表面过分磨损或接触不良	更换触点或修整接触面
	两个导电零件连接螺钉松动	将连接导电零件的螺钉拧紧

二、主令电器——按钮

主令电器是指在电气自动控制系统中用来发出信号指令的电器。它的信号指令将控制继电器、接触器和其他电器的动作，接通和分断被控制电路，以实现对电动机和其他生产机械的远距离控制。目前在生产中用得最广泛而结构又比较简单的主令电器有按钮和位置开关两种。

按钮在低压控制电路中用于手动发出控制信号及远距离控制。按钮用于接通、分断 5 A 以下的小电流电路。按用途和触点结构的不同，按钮分起动按钮、停止按钮和复合按钮。为了标明各按钮的作用，避免误操作，操作头（按钮帽）常做成红、绿、黄、蓝、黑、白等颜色：一般红色表示紧急停止；绿色表示起动；黄色表示非正常操作；蓝色表示强制干预；白、灰、黑无特殊意义。有的按钮需用钥匙插入才能进行操作，有的操作头中还带指示灯，其外形如图1-2-3 所示。

图 1-2-3　按钮的外形

1. 按钮的结构和动作原理

按钮一般由操作头、复位弹簧、桥式动触点、静触点、支柱连杆及外壳等组成，如图1-2-4（a）所示。当外力向下压动操作头时，操作头带动动触点向下运动，使动断触点断开，动合触点闭合，此时复位弹簧被压缩。当外力取消时，在复位弹簧反作用力作用下，按钮复位。

按钮按不受外力作用时触点的分合状态，可分为常开按钮（动合按钮）、常闭按钮（动断按钮）和复合按钮（动合、动断组合为一体）。

1）常开按钮。未按下时，触点是断开的；按下时触点闭合；当松开后，按钮自动复位。

2）常闭按钮。与常开按钮相反，未按下时，触点是闭合的；按下时触点断开；当松开后，按钮自动复位。

3）复合按钮。将常开和常闭按钮组合为一体。按下复合按钮时，其常闭触点先断开，然后常开触点再闭合；而松开时，常开触点先恢复分断，然后常闭触点再恢复原来闭合的状态。

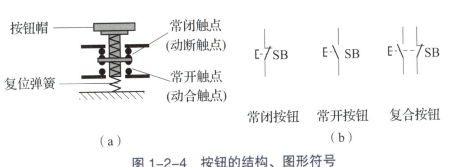

按钮结构及动作原理

图 1-2-4　按钮的结构、图形符号

（a）结构；（b）图形符号

2. 按钮的型号及含义

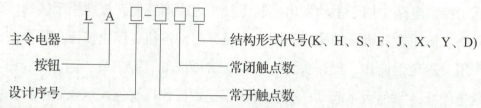

3. 按钮的选用

1）根据使用场合和具体用途选择按钮的种类。例如，嵌装在操作面板上的按钮可选用开启式；需显示工作状态的选用光标式；需要防止无关人员误操作的重要场合宜用钥匙操作式；在有腐蚀性气体处要用防腐式。

2）根据工作状态指示和工作情况要求，选择按钮或指示灯的颜色。例如，起动按钮可选用白、灰或黑色，优先选用白色，也可选用绿色。急停按钮应选用红色。停止按钮可选用黑、灰或白色，优先用黑色，也可选用红色。

3）根据控制回路的需要选择按钮的数量。如单联钮、双联钮和三联钮等。

常用的按钮有 LA4、LA10、LA18、LA19、LA20 和 LA25 等系列。

4. 按钮常见故障及处理方法

按钮在使用中会出现各种各样的问题，按钮常见故障及处理方法如表 1-2-2 所示。

表 1-2-2 按钮常见故障及处理方法

故障现象	产生原因	处理方法
停止按钮失灵，不能断开电路	接线错误	更改接线
	接线松动或搭接在一起	检查停止按钮处的连接线
	铁屑、金属粉末或油污短接了常闭触点	清扫触点
	按钮盒胶木烧焦炭化	更换按钮
按停止按钮后，再按起动按钮，被控电器不动作	被控电器有故障	检查被控电器
	停止按钮的复位弹簧损坏	调换复位弹簧
	起动按钮动、静触点氧化、接触不良	清扫、打磨动、静触点
按钮过热	指示灯电压过高	降低指示灯电压
	通过按钮的电流过大	更换按钮
	环境温度过高	加强散热措施

三、低压电器——交流接触器

交流接触器是一种用来接通和断开带负载的交流主电路或大容量远距离控制电路的自动切换电器，主要控制对象是电动机，此外也可用于控制其他电力负载，如电焊机、电热设备、照明设备等。交流接触器不仅能接通和断开电路，而且还有低电压和失压保护功能，但不能切断短路电流，因此交流接触器通常需与熔断器配合使用。

由于交流接触器是一种用途最为广泛的开关电器，因此目前我国生产及使用的交流接触器型号繁多，性能及使用范围也各有不同。交流接触器按其结构和工作原理不同可分为电磁式、永磁式和真空式三类。目前使用最广的是电磁式交流接触器。电磁式交流接触器虽然型号、性能及使用范围各有不同，但其主要结构和工作原理基本相同。常用的电磁式交流接触器。如图1-2-5所示。

图 1-2-5 常用的电磁式交流接触器

1. 电磁式交流接触器的主要结构和工作原理

（1）结构

交流接触器由电磁系统、触点系统和灭弧系统三部分组成，其结构如图1-2-6所示。

1）电磁系统。电磁系统由线圈和动铁芯（衔铁）、静铁芯组成。电磁系统的作用是产生电磁吸力带动触点系统动作。铁芯是交流接触器发热的主要部件，静、动铁芯一般用E形硅钢片叠压而成，以减少铁芯的磁滞和涡流损耗，避免铁芯过热。另外在E形铁芯的中柱端面留有0.1~0.2 mm的气隙，以减小剩磁影响，避免线圈断电后衔铁粘住不能释放。在静铁芯的端面上嵌有短路环，用以消除电磁系统的振动和噪声。

2）触点系统。交流接触器触点系统包括3对主触点和数对辅助触点。主触点用来通断电流较大的主电路；辅助触点用来通断电流较小的控制电路。触点的常开与常闭是指电磁系统未通电动作前触点的原始状态。常开和常闭的桥式动触点是一起动作的，当吸引线圈通电时，常闭触点（动断触点）先分断，常开触点（动合触点）随即闭合；线圈断电时，常开触点先恢复分断，随即常闭触点恢复原来的闭合状态。

3）灭弧系统。交流接触器断开大电流电路或高电压电路时，在动、静触点之间会产生很强的电弧，电弧将灼伤触点，并使电路切断时间延迟，严重时还会造成相间短路。为此，10 A以上的交流接触器都有灭弧装置，通常可采用陶土制作的灭弧罩，或者用塑料加栅片制作的灭弧罩。电弧在灭弧罩内被分割、冷却，从而迅速熄灭。

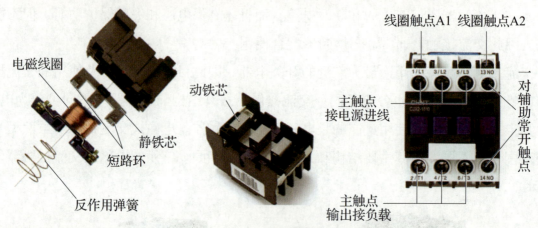

图 1-2-6　交流接触器的结构

（2）工作原理

电磁式交流接触器是利用电磁吸力工作的。如图 1-2-7 所示，当电磁线圈接通电源后，线圈电流建立磁场，产生足够的电磁吸力将动铁芯（衔铁）吸合（此时复位弹簧即反作用弹簧被压缩），带动连杆向下运动，使位于上方的三对主触点闭合，接通主电路。同时位于两侧的辅助触点也动作，操控控制电路。

当电磁线圈电压消失时，电磁线圈产生的磁场也随之消失，复位弹簧的反作用力使衔铁释放，主触点断开，切断主回路。辅助触点随即复位。

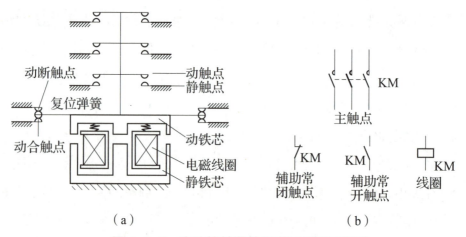

图 1-2-7　交流接触器的原理图及图形符号

（a）原理图；（b）图形符号

2. 交流接触器的型号及含义

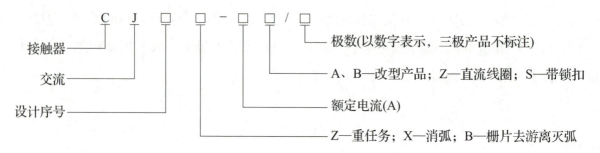

3. 交流接触器的主要技术参数和类型

1）额定电压。交流接触器的额定电压是指主触点的额定电压。交流有 220 V、380 V 和 660 V，在特殊场合应用的额定电压高达 1 140 V。

2）额定电流。交流接触器的额定电流是指主触点的额定工作电流。它是在一定的条件（额定电压、使用类别和操作频率等）下规定的。

3）吸引线圈的额定电压。交流有 36 V、127 V、220 V 和 380 V。

4）机械寿命和电气寿命。交流接触器是频繁操作电器，应有较高的机械和电气寿命，该指标是产品质量的重要指标之一。

5）额定操作频率。交流接触器的额定操作频率是指每小时允许的操作次数，一般为 300 次 /h、600 次 /h 和 1 200 次 /h。

6）动作值。动作值是指交流接触器的吸合电压和释放电压。规定交流接触器的吸合电压大于线圈额定电压的 85% 时应可靠吸合，释放电压不高于线圈额定电压的 70%。

常用的交流接触器有 CJ10、CJ12、CJ20、CJX1、CJX2、CJX8、3TB 和 3TD 等系列。

4. 交流接触器的选用

电力拖动系统中，交流接触器可按下列方法选用：

1）交流接触器主触点的额定电压应大于或等于被控制电路的最高电压。

2）交流接触器主触点的额定电流应大于被控制电路的最大工作电流。用交流接触器控制电动机时，主触点的额定电流应大于电动机的额定电流。

3）交流接触器电磁线圈的额定电压应与被控制辅助电路电压一致。对于简单电路，多用 380 V 或 220 V；在线路较复杂或有低压电源的场合或对工作环境有特殊要求时，也可选用 36 V、110 V 电压等。

4）交流接触器的触点数量和种类应满足主电路和控制电路的要求。

5. 交流接触器的常见故障及处理方法

交流接触器在使用中会出现各种各样的问题，交流接触器的常见故障及处理方法如表 1-2-3 所示。

表 1-2-3　交流接触的常见故障及处理方法

故障现象	可能原因	处理方法
动铁芯吸不上或吸力不足	绕组电压不足或接触不良	检修控制电路，查找原因
	触点弹簧压力过大	减小弹簧压力

续表

故障现象	可能原因	处理方法
动铁芯不释放或释放缓慢	触点弹簧压力过小	提高弹簧压力
	触点熔焊	排除熔焊故障，更换触点
	机械可动部分被卡	排除卡住部分的故障
	反作用弹簧损坏	更换反作用弹簧
	铁芯截面有油污或灰尘	清理铁芯截面
电磁铁噪声大	机械可动部分被卡	排除被卡部分故障
	短路环断裂	更换短路环
	铁芯截面有油污或灰尘	清理铁芯截面
	铁芯磨损过大	更换铁芯
绕组过热或烧坏	绕组额定电压不对	更换绕组或调换交流接触器
	操作频率过高	调换适合高频率操作的交流接触器
	绕组匝间短路	排除故障，更换绕组
触点灼伤或熔焊	触点弹簧压力过小	调整触点弹簧压力
	触点表面有异物	清理触点表面
	操作频率过高或工作电流过大	调换容量大的接触面
	长期过载使用	调换合适的交流接触器
	负载侧短路	排除故障，更换触点

四、点动正转控制电路

1. 电路原理图

图 1-2-8 为三相异步电动机点动正转控制电路原理图。

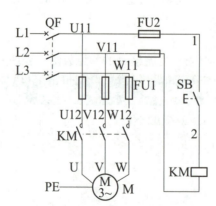

图 1-2-8 三相异步电动机点动正转控制电路原理图

2. 电路中元器件的作用

低压断路器 QF 作电源开关，具有短路保护、过载保护、欠压保护功能；熔断器 FU 作电路的短路保护；起动按钮 SB 控制交流接触器 KM 的线圈得电与失电；交流接触器 KM 的主触点控制电动机 M 的起动与停止。

3. 电路的工作原理

先合上电源开关 QF。

起动：按下 SB → KM 线圈得电 → KM 主触点闭合 → 电动机 M 起动运转

停止：松开 SB → KM 线圈失电 → KM 主触点断开 → 电动机 M 断电停转

停止使用时，断开电源开关 QF。

这种按下按钮电动机就得电运转，松开按钮电动机就失电停转的控制方法，称为点动控制。

 操作模块

三相异步电动
机点动正转控
制电路

1. 安全教育

学习电气实训室安全管理规范，增强安全意识。

2. 识读电路图

识读电路图 1-2-8，明确电路所用元器件及其作用，熟悉其工作原理。按照图 1-2-8 所示配齐所需元器件，也可参照表 1-2-4 器具清单配齐所需材料。

经查阅《电工手册》等相关资料和相关计算，三相异步电动机点动正转控制电路的器具清单如表 1-2-4 所示。

表 1-2-4　器具清单

序号	名称	型号	规格	数量
1	三相异步电动机 M	Y2-100L-4	3 kW、380 V、6.7 A、1 430 r/min	1
2	低压断路器	DZ47s-D63	三极、400 V	1
3	熔断器 FU1	RT18-32	500 V、配熔体 25 A	3
4	熔断器 FU2	RT18-32	500 V、配熔体 2 A	2
5	交流接触器 / F4 交流接触器辅助触点	CJX2-2510、F4-22	25 A、线圈额定电压 380 V	1
6	按钮 SB	LA4-3H	保护式、按钮数 3	1
7	端子排	TB-1512/1510	15 A、12 节、600 V/15 A、10 节、600 V	2
8	导线（主电路）	BV 和 BVR	1.5 mm²	若干
9	导线（控制电路）	BV	1 mm²	若干
10	导线（接地线）	BVR	1.5 mm²（黄绿双色）	若干

续表

序号	名称	型号	规格	数量
11	导线（按钮）	BVR	0.75 mm^2	若干
12	配电板 1 块，紧固螺丝与编码套管若干			
13	工具		测电笔、螺丝刀、尖嘴钳、斜口钳、剥线钳、冲击钻	
14	仪表		兆欧表、钳形电流表、万用表	

3. 检测元器件

根据电路图或器具清单配齐元器件，并进行必要的检测。学生协作对元器件进行检测，并填写元器件检测记录表 1-2-5。断路器、按钮和交流接触器的检测方法如下。

（1）低压断路器的检测

1）外观检测。检查外壳有无破损。

2）手动检测。扳动低压断路器手柄，看动作是否灵活。

3）万用表检测。用万用表检测低压断路器一相的进、出线端工作是否正常。

将万用表拨到蜂鸣挡。拉下手柄，将万用表红、黑表笔分别放到低压断路器一相的进线端和出线端时，万用表显示".0L"，如图 1-2-9（a）所示；向上合上手柄，万用表发出蜂鸣声，如图 1-2-9（b）所示，则说明此相正常，否则说明损坏。用同样的方法检测低压断路器的其他两相。

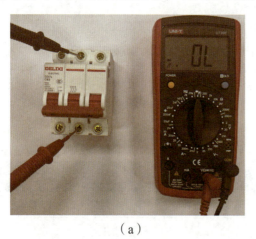
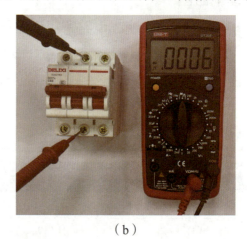

（a）　　　　　　　　　　　　　　　（b）

图 1-2-9　低压断路器的检测

（2）按钮的检测

DZ47-63 型断路器检测

1）外观检测。检查按钮外观是否完好，有无损坏。

2）手动检测。按动按钮看动作是否灵活，有无卡阻。

3）万用表检测。用万用表检查常开、常闭触点工作是否正常。

① 常闭触点的检测。将万用表拨到蜂鸣挡，将万用表红、黑表笔分别放在按钮一对触点的两端，万用表发出蜂鸣声，如图 1-2-10（a）所示；按下按钮，万用表显示".0L"，如图 1-2-10（b）所示，则说明常闭触点完好，否则说明触点损坏。

LA10-3H 按钮开关检测

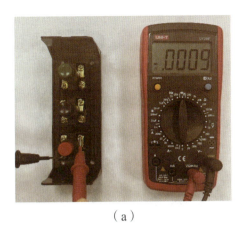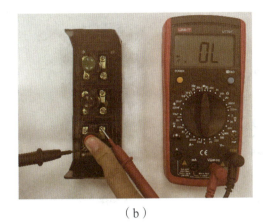

（a）　　　　　　　　　　　　　　（b）

图 1-2-10 按钮常闭触点的检测

②常开触点的检测。万用表的挡位不变，将红、黑表笔分别放在按钮另一对触点的两端，万用表显示".0L"，如图 1-2-11（a）所示；按下按钮，万用表发出蜂鸣声，如图 1-2-11（b）所示，则说明常开触点完好，否则说明触点损坏。

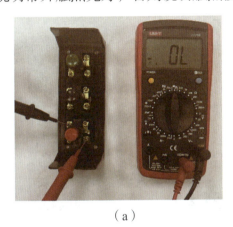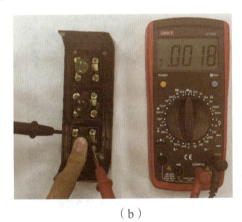

（a）　　　　　　　　　　　　　　（b）

图 1-2-11 按钮常开触点的检测

（3）交流接触器的检测

CJX2-09 型交流接触器检测

在使用交流接触器前，应进行必要的检测。检测内容包括电磁线圈的检测、主触点的检测、辅助常开常闭触点的检测。

1）电磁线圈的检测。将万用表拨到合适量程的电阻挡。将红、黑表笔分别放在 A1 和 A2 两接线柱上，测量电磁线圈电阻，此时万用表测量值为交流接触器线圈的电阻值，如图 1-2-12 所示。若电阻为"0"，则说明线圈短路；若电阻为"∞"，则说明线圈断路。

2）主触点的检测。万用表的挡位不变，将两表笔分别放在 L1、T1 接线柱上，万用表显示".0L"，如图 1-2-13（a）所示；强制按下交流接触器的衔铁，则万用表测量值为"0"，如图 1-2-13（b）所示，说明此对主触点完好。用同样的方法检测交流接触器其他两对主触点。

图 1-2-12 电磁线圈的检测

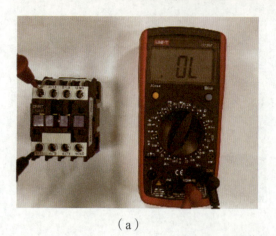

（a）　　　　　　　　　　　　　　（b）

图 1-2-13　主触点的检测

3）辅助常开触点的检测。万用表的挡位不变，将两表笔分别放在一对辅助常开触点的两个接线柱上，万用表显示".0L"，如图 1-2-14（a）所示；万用表两表笔不动，强制按下交流接触器衔铁，若万用表显示"0"，如图 1-2-14（b）所示，则说明此对触点正常，否则有故障。

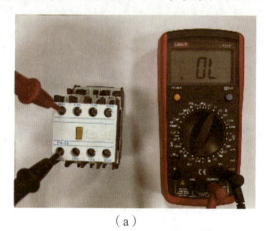
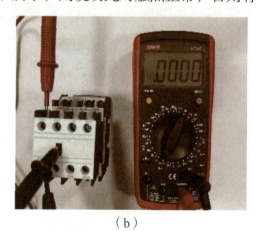

（a）　　　　　　　　　　　　　　（b）

图 1-2-14　辅助常开触点的检测

4）辅助常闭触点的检测。万用表挡位不变，将红、黑表笔分别放在一对常闭辅助触点的两个接线柱上，万用表显示趋近"0"，如图 1-2-15（a）所示；万用表两表笔不动，强制按下交流接触器衔铁，则万用表显示".0L"，如图 1-2-15（b）所示，说明交流接触器此对常闭辅助触点正常。用同样方法检测另外的常闭辅助触点。

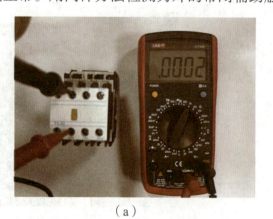
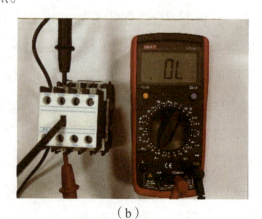

（a）　　　　　　　　　　　　　　（b）

图 1-2-15　辅助常闭触点的检测

表 1-2-5 元器件检测记录表

序号	名称	型号	数量	断路器触点电阻		交流接触器				按钮		熔断器
				分闸时触点接触电阻	合闸时触点接触电阻	线圈电阻	主触点	常闭触点	常开触点	常闭触点	常开触点	
1	断路器											
2	熔断器											
3	交流接触器											
4	按钮											

4. 安装与接线

（1）绘制元器件布置图和安装元器件

根据图 1-2-16 元器件布置图在控制板上安装元器件。在控制板上进行元器件的布置与安装时，各元器件的安装位置应整齐、匀称、间距合理，便于元器件的更换。紧固各元器件时要用力均匀。在紧固熔断器等易碎元器件时，应用手按住元器件，逐渐旋紧螺钉。交流接触器的工作环境要求清洁、干燥。应将交流接触器垂直安装在底板上，注意安装位置不得受到剧烈振动，因为剧烈振动容易造成触点抖动，严重时会发生误动作。

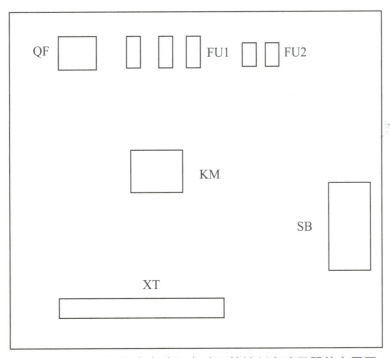

图 1-2-16 三相异步电动机点动正转控制电路元器件布置图

（2）绘制电气安装接线图

绘出三相异步电动机点动正转控制电路电气安装接线图，如图 1-2-17 所示。

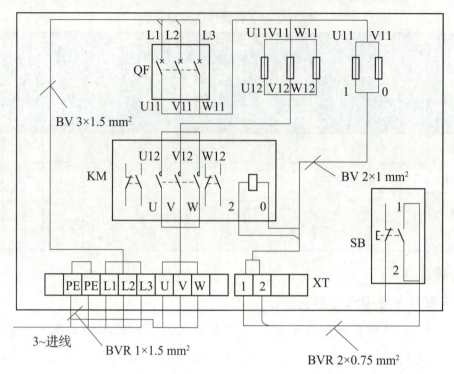

图 1–2–17　三相异步电动机点动正转控制电路的电气安装接线图

（3）布线

根据电气安装接线图 1–2–17 按照板前明线布线工艺要求布线，同时剥去绝缘层两端的线头，套上与电路图相一致线号的编码套管。对螺旋式熔断器接线时应注意，电源进线接在瓷质底座的下接线端，负载线接在金属螺纹壳相连的上接线端。

（4）检查布线

根据图 1–2–8 所示电路图，检查布线是否有漏接、错位接线的情况。

（5）安装电动机

先连接电动机和所有元器件金属外壳的保护接地线，再连接电源、电动机等控制板外部的导线。

5.测试

（1）不通电测试

在不接通电的情况下，用万用表根据下列测量方法对电路进行检测。

1）按电路图或电气安装接线图从电源端开始，逐段核对接线及接线端子处线号是否正确，有无漏接、错接之处。检查导线接点是否符合要求，压接是否牢固。同时注意接点接触应良好，以避免带负载运转时产生闪弧现象。

2）用万用表检查电路的通断情况。检查时，应选用量程适当的电阻挡。

①主电路的接线检测。

断开控制电路，再检查主电路有无开路或短路现象。首先将电源开关闭合，按下交流接触器 KM 的衔铁，将万用表的两表笔分别搭在 L1 和 L2、L1 和 L3、L2 和 L3 之间，万用表应显示"．0L"；然后再把万用表两表笔分别搭在 L1 和 U、L2 和 V、L3 和 W 两端，按下交流接触器 KM 的衔铁，万用表显示数值约为"0"，则表明电路已通，并把测试结果填入表 1-2-6 中。

②控制电路的接线检测（断开主电路）。

可将万用表笔分别搭在 U11、V11 线端上，万用表应显示"．0L"。按下 SB，万用表显示交流接触器线圈的直流电阻值。松开 SB，万用表应显示"．0L"，并把测试结果填入表 1-2-6 中。

表 1-2-6　三相异步电动机点动正转控制电路的不通电测试记录

操作步骤	主电路			控制电路	
操作步骤	合上电源开关			按下 SB	松开 SB
测试位置	L1—U	L2—V	L3—W	U11—V11	U11—V11
电阻值					

（2）通电测试

在使用万用表检测后，接入电源进行通电测试。通电前，确保电路测量充分，做到应检尽检，在教师的监护下按照下列要求通电。

1）为保证人身安全，在通电试车时，要认真执行安全操作规程的有关规定，一人监护，一人操作。试车前，应检查与通电试车有关的电气设备是否有不安全的因素存在，若查出应立即整改，然后方能试车。

2）通电试车前，必须征得教师的同意，并由指导教师接通三相电源 L1、L2、L3，同时在现场监护。学生合上电源开关后，用测电笔检查熔断器出线端，如果氖管亮，说明电源接通。按照表 1-2-7 的操作步骤操作，观察交流接触器情况是否正常，是否符合电路功能要求，元器件的动作是否灵活，有无卡阻及噪声过大等现象，电动机运行情况是否正常等。但不得对电路接线是否正确进行带电检查。观察过程中，若发现有异常现象，应立即停车。当电动机运转平稳后，用钳形电流表测量三相电流是否平衡。按照顺序测试电路各项功能，并将测试结果填入表 1-2-7 中。

表 1-2-7　三相异步电动机点动正转控制电路的通电测试记录

操作步骤	合上电源开关	按下 SB	松开 SB
电动机动作或交流接触器吸合情况			

3）通电试车完毕后，停转，切断电源。先拆除三相电源线，再拆除电动机线。

6. 故障排除

出现故障后，若不能检查出故障，小组成员可互帮互助检查电路，也可在教师的指导下进行检修。若需带电检查时，教师必须在现场监护。检修完毕后，若需要再次试车，教师也应该在现场监护，并填好检修记录单表 1-2-8。

表1-2-8 三相异步电动机点动正转控制电路的检修记录单

序号	设备编号	设备名称	故障现象	故障原因	排除方法	所需材料	维修日期

操作评价

教师对学生的课堂表现及电路完成的结果进行指标性评价，并填写表1-2-9。

表1-2-9 三相异步电动机点动正转控制电路评价表

评价项目	评价内容	配分	评价标准	扣分
课堂表现	课堂学习参与度	10	不听课、不互动、不参与、不操作，酌情扣分	
	团结协作意识	5	不积极参与小组成员分工协作，酌情扣分	
	语言表达能力	5	不积极参与小组讨论，不能积极地回答问题，酌情扣分	
安装接线	布线图绘制	5	不能完整正确绘制主电路和控制电路，每错一处扣1分	
	元器件选择与检测	5	（1）元器件选错，扣3分 （2）元器件漏检或错检，每处扣2分	
	元器件安装	5	元器件安装不符合要求，不按元器件布置图安装，元器件安装不牢固，元器件安装不整齐、不匀称、不合理，损坏元件，每处扣2分	
	布线工艺	15	（1）严禁损伤线芯和导线绝缘层，接线端子上不能漏铜过长，若有不符，每处扣5分 （2）每个接线端子上连接的导线根数一般不超过两根，并保证不能压绝缘皮，若有不符，每处扣3分 （3）走线合理，做到横平竖直，整齐牢固，若有不符，每处扣1分 （4）导线出线应留有一定余量，并做到长度一致，若有不符，每处扣1分 （5）导线变换走向要垂直，并做到高低一致或前后一致，若有不符，每处扣1分 （6）避免出现交叉线、架空线、缠绕线和叠压线的现象，若有不符，每处扣2分 （7）导线折弯应折成直角，若有不符，每处扣1分 （8）编码套管套装不正确，每处扣1分 （9）漏接接地线，扣3分	
	整体布局	5	（1）面板线路应合理汇集成线束，若有不符，每处扣1分 （2）进出线应合理汇集在端子排上，若有不符，每处扣1分 （3）整体走线应合理美观，若有不符，每处扣1分	

续表

评价项目	评价内容	配分	评价标准	扣分
功能测试	不通电检测	10	（1）有故障查不出，扣10分 （2）有故障，查出故障但不能排除，扣5分	
	电路功能测试（加电试车）	20	（1）闭合断路器，按下SB，电动机不能运转，扣10分 （2）松开SB，电动机不能正常停止，扣10分	
安全文明操作	安全文明操作（满足评价标准的五条规定得15分，有一条不满足则不得分）	15	（1）操作结束后整理现场 （2）穿工作服和绝缘鞋操作 （3）通电试车时，不能跳断路器、烧熔断器和电机等器件 （4）通电试车时，安装板上不乱放工具、导线等 （5）通电试车结束后切断电源	
备注			通电试车前需测试控制电路是否存在短路现象，若存在短路现象则不许通电试车。若发生重大安全事故，总分为0分。若在规定的时间内没有完成电路，总分为0分。	

 拓展教学

漏电保护断路器

漏电保护断路器通常被称为漏电保护开关，它是为了防止低压电网人身触电或因漏电造成火灾等事故而研制的一种新型电器。除了起断路器的作用外，漏电保护断路器还能在设备漏电或人身触电时迅速断开电路，保护人身和设备的安全，因而使用十分广泛。

1. 漏电保护断路器的工作原理

漏电保护断路器的工作原理图如图1-2-18所示。

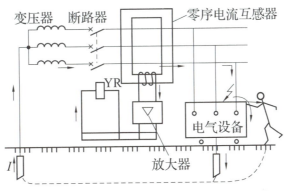

图1-2-18　漏电保护断路器的工作原理图

当设备正常工作时，主电路电流的相量和为零，零序电流互感器的铁芯无磁通，其二次绕组没有感应电压输出，开关保持闭合状态。

当被保护的电路漏电或有人触电时，漏电电流通过大地回到变压器中性点，从而使三相电流的相量和不等于零，零序电流互感器的二次绕组中就产生感应电流。当该电流达到一定值并

经放大器放大后就可以使脱扣器 YR 动作，使断路器在很短的时间内动作而切断电路。

2. 漏电保护断路器的主要技术参数

漏电保护断路器的主要技术参数有额定漏电动作电流、额定动作时间和额定漏电不动作电流。若用于保护手持电动工具、各种移动电器和家用电器，应选用额定漏电动作电流不大于 30 mA，额定动作时间不大于 0.1 s 的快速动作漏电保护断路器，如保护单台电动机时可选用额定漏电动作电流为 30~100 mA 的漏电保护断路器。

在规定的条件下，漏电保护断路器不动作的电流值，一般应选额定漏电动作电流值的 1/2。例如，额定漏电动作电流为 30 mA 的剩余电流断路器，电流值在 15 mA 以下时，断路器不应动作，否则因灵敏度太高容易误动作，影响用电设备的正常运行。

知识测评

1. 交流接触短路环的作用是（　　　）。

A. 消除铁芯振动　　　　　　　　　　B. 增大铁芯磁通

C. 减缓铁芯冲击　　　　　　　　　　D. 减少铁芯磁通

2. 交流接触器得电不吸合的故障原因可能是（　　　）。

A. 铁芯短路环损坏　　　　　　　　　B. 交流接触器主触点发生熔焊

C. 辅助触点接触不良　　　　　　　　D. 电源电压过低

3. 关于交流接触器，下列说法不正确的是（　　　）。

A. 交流接触器主触点数目不够时，辅助触点可以作主触点使用

B. 交流接触器线圈断电后而动铁芯不能释放时原因可能是主触点熔焊

C. 为了减小铁损，交流接触器的铁芯使用表面绝缘的硅钢片叠成

D. 为了消除铁芯的颤动和噪声，铁芯的端面一部分套有短路环

4. 分析判断图 1-2-19 所示各控制电路能否实现点动控制？若不能，试分析说明原因，并加以改正。

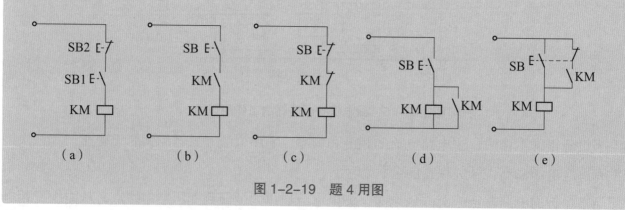

图 1-2-19　题 4 用图

子模块 3　三相异步电动机连续正转控制电路的安装与调试

学习目标

1. 素养目标

（1）通过学习电气实训室安全管理规范，增强安全意识。

（2）在电路的安装检测过程中养成踏实、务实的职业精神。

（3）通过摆放工具、整理工位、打扫卫生，养成积极的劳动态度和劳动习惯。

2. 知识目标

（1）熟知热继电器的结构、动作原理、符号、型号及含义。

（2）理解电路的自锁作用及过载、欠压和失压保护作用。

（3）能正确识读三相异步电动机连续正转控制电路的原理图、元器件布置图和电气安装接线图。

（4）能正确分析三相异步电动机连续正转控制电路的构成及工作原理。

3. 技能目标

（1）学会三相异步电动机连续正转控制电路中低压电器的选用与检测。

（2）按照板前明线布线工艺要求熟练正确安装连续正转控制电路。

（3）能初步检测三相异步电动机连续正转控制电路。

知识模块

一、热继电器

热继电器是利用电流的热效应原理来工作的，它是利用流过热继电器的电流所产生的热效应而反时限动作的自动保护电器。所谓反时限动作，是指电器的延时动作时间随通过电路电流的增加而缩短。热继电器主要与接触器配合使用，用作电动机的过载保护、断相保护，以及电流不平衡运行保护，也可用于其他电气设备发热状态的控制。

1. 热继电器的结构和工作原理

热继电器种类很多，应用最广泛的是基于双金属片的热继电器，图 1-3-1 所示为双金属片热继电器的外形、结构及符号。它主要由热元件、传动机构、常闭触点、电流整定装置和复位按钮组成。热继电器的热元件由主双金属片和绕在外面的电阻丝组成。主双金属片由两种热膨胀系数不同的金属片复合而成。

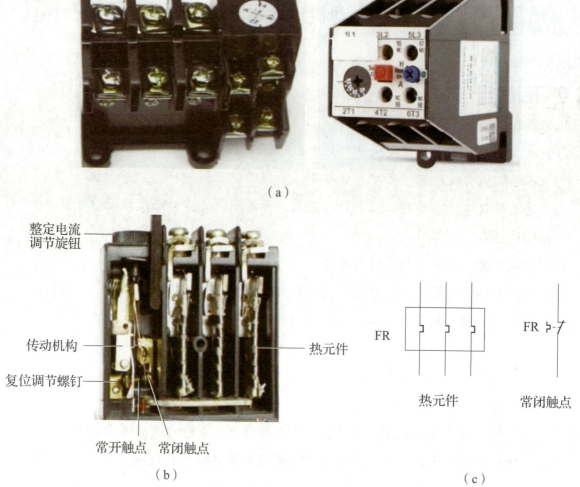

（a）

整定电流
调节旋钮

传动机构

复位调节螺钉

热元件

常开触点　常闭触点

（b）

FR 　　　　　　　FR

热元件　　　　　　常闭触点

（c）

图 1-3-1　热继电器的外形、结构及图形符号

（a）外形；（b）结构；（c）图形符号

当电动机正常运行时，热元件产生的热量虽然能使双金属片弯曲，但还不足以使热继电器动作。当流过热元件的电流产生足够多的热量时，使双金属片受热弯曲而推动触点动作，从而切断控制电路，最终使电动机失电。其具体分析如下：

1）如图 1-3-2 所示，热继电器使用时，将热元件串联在主电路中，常闭触点串联在控制电路中。

2）电动机过载运行时，流过热元件的电阻丝的电流超过热继电器的整定电流，电阻丝发热增多，温度升高，由于两块金属片的热膨胀程度不同而使主双金属片发生弯曲，推动导板通过推杆机构，将推力传给常闭触点，使常闭触点断开，分断控制电路，再通过接触器切断主电路，实现对电动机的过载保护。

3）电源切除后，主双金属片逐渐冷却恢复原位。热继电器的复位机构有手动复位和自动复位两种形式，可根据使用要求通过复位调节螺钉来自由调整选择。如用手动复位，则需按下复位按钮，借助动触点上的杠杆装置使动触点复位闭合。

4）温度补偿片用来补偿环境温度对热继电器动作精度的影响，它是由与主双金属片同类的双金属片制成的。当环境温度变化时，温度补偿片与主双金属片都在同一方向上产生附加弯曲，因而补偿了环境温度的影响。

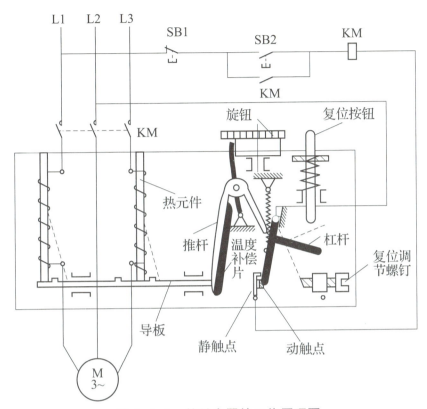

图 1-3-2　热继电器的工作原理图

2. 热继电器的型号及含义

常用 JR36 系列热继电器的型号及含义如下：

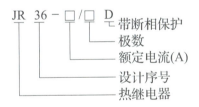

3. 热继电器的主要参数

热继电器的主要参数有以下几个。

（1）额定电压

热继电器额定电压指触点的电压值，选用时要求额定电压大于或等于触点所在电路的额定电压。

（2）额定电流

热继电器的额定电流指允许装入的热元件的最大额定电流值。每一种额定电流的热继电器可以装入几种不同电流规格的热元件。选用时要求额定电流大于或等于被保护电动机的额定电流。

（3）热元件规格

热元件规格用电流值表示，它指热元件允许长时间通过的最大电流值。选用时一般要求其电流规格小于或等于热继电器的额定电流。

（4）整定电流

整定电流指长期通过热元件又刚好使热继电器不动作的最大电流值。热继电器的整定电流要根据电动机的额定电流、工作方式等情况调整而定，一般情况下可按电动机额定电流值整定。

4. 热继电器的选用

热继电器在选用时，应根据电动机额定电流来确定热继电器的型号及热元件的电流等级。

1）根据电动机的额定电流选择热继电器的规格，一般应使热继电器的额定电流略大于电动机的额定电流。

2）根据需要的整定电流值选择热元件的电流等级。一般情况下，热元件的整定电流为电动机额定电流的 0.95~1.05 倍。

3）根据电动机定子绕组的连接方式选择热继电器的结构形式，即定子绕组作Y连接的电动机选用普通三相结构的热继电器，而作△连接的电动机应选用三相带断相保护装置的热继电器。

5. 热继电器常见的故障及处理方法

热继电器的常见故障有热元件烧坏、误动作和不动作等。热继电器的常见故障及处理方法如表 1-3-1 所示。

表 1-3-1　热继电器的常见故障及处理方法

故障现象	可能原因	处理方法
误动作	整定值偏小	合理调整整定值
	电动机起动时间过长	从电路上采取措施，起动过程中使热继电器短接
	反复短时工作，操作次数过高	调换合适的热继电器
	连接导线过细	调换导线
不动作	整定值偏大	调整整定值
	触点接触不良	清理触点表面
	热元件烧断或脱掉	更换热元件或补焊
	动作部分卡阻	排除卡阻，但不可随意调整
	导板脱出	检查导板
	连接导线太粗	调换导线

续表

故障现象	可能原因	处理方法
热元件烧坏	负载侧短路，电流过大	排除短路故障及更换热元件
	反复短时工作，操作次数过高	调换热继电器
	机械故障	排除机械故障及更换热元件
热继电器动作不稳定，时快时慢	热继电器内部机构某些部件松动	将松动部件加以紧固
	在检修中双金属片弯折	用大电流预试几次或将双金属片拆下来热处理（一般约为 240 ℃）以去除内应力
	通电电流波动过大或接线螺钉松动	检查电源或拧紧螺钉
主电路不通	热元件烧断	更换热元件或热继电器
	接线螺钉松动或脱落	紧固接线螺钉
控制电路不通	触点烧坏或触点弹簧片弹性消失	更换触点和弹簧片
	可调整式旋钮转到不合适位置	调整旋钮或螺钉
	热继电器动作后未复位	按动复位按钮

二、连续正转控制电路

1. 电气原理图

图 1-3-3 为三相异步电动机连续正转控制电路原理图。

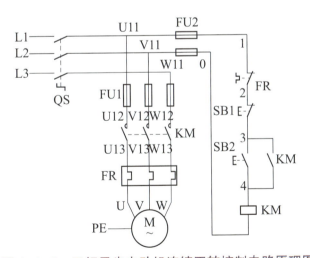

图 1-3-3　三相异步电动机连续正转控制电路原理图

2. 电路的工作原理

通过比较电动机连续正转控制电路与点动正转控制电路可知，两个电路图主电路相同，控制电路不同。图 1-3-3 所示的电动机连续正转控制电路中，串接了一个停止按钮 SB1，在起动按钮 SB2 的两端并联了 KM 的辅助常开触点。

电路的工作原理如下：

先合上电源开关 QS。

起动：按下起动按钮SB2 —→ KM的线圈得电 —┬→ KM主触点闭合 ─┐
　　　　　　　　　　　　　　　　　　　　└→ KM辅助常开触点闭合 ─┘

　　　　—→ 电动机M通电起动运转

连续运转：松开起动按钮SB2 —→ SB2复位断开 —→ 交流接触器KM的线圈通过其辅助常开
　　　　触点继续保持通电 —→ 从而保证电动机M能连续长时间运转

停止：按下停止按钮SB1 —→ KM线圈失电 —┬→ KM主触点分断 ─┐
　　　　　　　　　　　　　　　　　　　└→ KM辅助常开触点分断 ─┘

　　　　—→ 电动机M失电停止运转

三相异步电动机连续正转控制电路

停止使用时，断开电源开关。

由以上分析可知，当起动按钮松开后，交流接触器通过自身的辅助常开触点使其线圈保持得电的作用叫作自锁。与起动按钮并联起自锁作用的辅助常开触点叫作自锁触点。

3.电路保护环节

（1）过载保护

电动机控制电路中，最常用的过载保护电器是热继电器，它的热元件串接在主电路中，常闭触点串接在控制电路中。电动机在运行过程中，如果由于过载或其他原因使电流超过额定值，经过一定时间，串接在主电路中的热元件也因受热发生弯曲，通过传动机构使串接在控制电路中的常闭触点分断，切断控制电路，交流接触器 KM 线圈失电，其主触点和自锁触点分断，电动机 M 失电停转，达到过载保护的目的。

（2）欠电压和失电压保护

欠电压保护是指当线路电压下降到某一数值时，电动机能自动脱离电源停转，避免电动机在欠压下运行的一种保护。

失电压保护是指电动机在正常运行中，由于外界某种原因引起突然断电时，能自动切断电动机电源；当重新供电时，保证电动机不能自行起动的一种保护。

当电源电压突然严重下降（欠电压）或消失（失电压）时，交流接触器 KM 线圈电磁吸力不足，动铁芯（衔铁）在反作用弹簧的作用下释放，其自锁触点断开，失去自锁；同时主触点也断开，使电动机停转。而且由于交流接触器 KM 的自锁触点和主触点在停电时均已断开，所以在恢复供电时，控制电路和主电路不会自行接通，电动机不会自行起动，实现了欠电压或失电压保护功能。

（3）短路保护

由熔断器 FU1、FU2 分别实现主电路和控制电路的短路保护。

操作模块

1. 安全教育

学习电气实训室安全管理规范，增强安全意识。

2. 识读电路图

识读电路图 1-3-3，明确电路所用元器件及其作用，熟悉其工作原理。按照图 1-3-3 所示配齐所需元器件，也可参照表 1-3-2 器具清单配齐所需材料。

经查阅《电工手册》等相关资料和相关计算，三相异步电动机连续正转控制电路的器具清单如表 1-3-2 所示。

表 1-3-2　器具清单

序号	名称	型号	规格	数量
1	三相异步电动机 M	Y2-100L-4	3 kW、380 V、6.7 A	1
2	组合开关 QS	HZ10-25/3	三极、25 A、380 V	1
3	熔断器 FU1	RT18-32	额定电压 500 V，配熔体 25 A	3
4	熔断器 FU2	RT18-32	额定电压 500 V，配熔体 2 A	2
5	交流接触器 / F4 交流接触器辅助触点	CJX2-2510、F4-22	25 A、线圈额定电压 380 V	1
6	热继电器 FR	JR36-20/3	三极、20 A、整定电流 6.7 A	1
7	按钮 SB1、SB2	LA4-3H	保护式、按钮数 3	1
8	端子排	TB-1512/1510	15 A、12 节、600 V/15 A、10 节、600 V	3
9	导线（主电路）	BV 和 BVR	1.5 mm²	若干
10	导线（控制电路）	BV	1 mm²	若干
11	导线（接地线）	BVR	1.5 mm²（黄绿双色）	若干
12	导线（按钮）	BVR	0.75 mm²	若干
13	配电板 1 块，紧固螺丝与编码套管若干			
14	工具	测电笔、螺丝刀、尖嘴钳、斜口钳、剥线钳、冲击钻		
15	仪表	兆欧表、钳形电流表、万用表		

3. 检测元器件

根据电路图或器具清单配齐元器件，并进行必要的检测。

学生协作按照所学方法对电源开关、熔断器、交流接触器进行检测，按要求调节热继电器的整定值，并填写元器件检测记录表 1-3-3。

学生按照下列检测步骤对所配备的热继电器进行检测，并填写元器件检测记录表 1-3-3。

热继电器的检测内容包括：热元件的检测、常开触点和常闭触点的检测和整定值的调整。

热继电器的整定值一般调整为电动机额定电流的 0.95~1.05 倍，根据所用电动机的规格，热继

JR36-20 型
热继电器检测

电器的整定值调整为 6.7 A。

（1）热元件的检测

将万用表拨到蜂鸣挡，将红、黑表笔分别放在热继电器任意两主接线柱上，由于热元件的电阻值较小，几乎为零，万用表发出蜂鸣声，说明所测两点为热元件的一对主接线柱，且热元件完好，如图 1-3-4 所示。

（2）常闭触点的检测

万用表挡位不变，将红、黑表笔放在任意两个触点上，若万用表发出蜂鸣声，说明这是一对常闭触点，如图 1-3-5（a）所示；按下热继电器的复位按钮，万用表显示".0L"，如图 1-3-5（b）所示，说明测量的是一对常闭触点。

图 1-3-4　热继电器主接线柱的检测

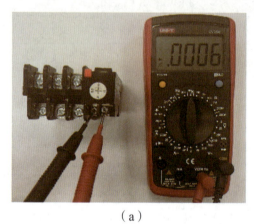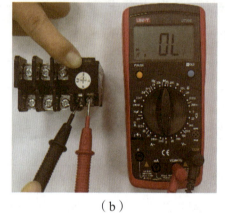

（a）　　　　　　　　　　　（b）

图 1-3-5　热继电器常闭触点的检测

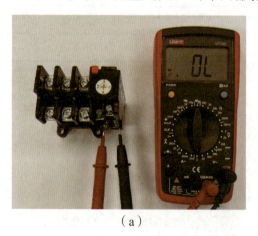
NR2-25 型热
继电器检测

（3）常开触点的检测

万用表挡位不变，将红、黑表笔放在任意两个触点上，若万用表显示".0L"，则可能是一对常开触点，如图 1-3-6（a）所示。按下热继电器的复位按钮，万用表发出蜂鸣声，如图 1-3-6（b）所示，说明测量的是一对常开触点。

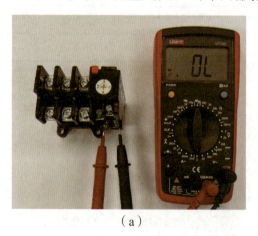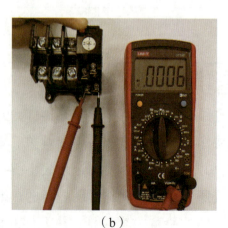

（a）　　　　　　　　　　　（b）

图 1-3-6　热继电器常开触点的检测

表 1-3-3　元器件检测记录表

序号	名称	型号	数量	电源开关触点电阻		交流接触器				按钮		热继电器			熔断器
				分闸时触点接触电阻	合闸时触点接触电阻	线圈电阻	主触点	常闭触点	常开触点	常闭触点	常开触点	热元件	常闭触点	常开触点	整定值	阻值
1	断路器															
2	熔断器															
3	交流接触器															
4	按钮															
5	热继电器															

4. 安装与接线

元器件检测

（1）绘制元器件布置图和电气安装接线图

根据图 1-3-3 绘出三相异步电动机连续正转控制电路的元器件布置图和电气安装接线图，学生在图 1-3-7 所示的电气安装接线图中自行连线，并根据元器件布置图安装元器件。在控制板上进行元器件的布置与安装时，各元器件的安装位置应整齐、匀称、间距合理，便于元器件的更换。紧固各元器件时要用力均匀。在紧固熔断器、交流接触器等易碎元器件时，应用手按住元器件，逐渐旋紧螺钉。

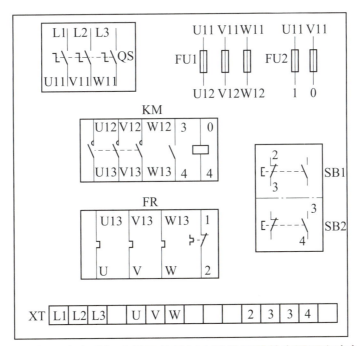

图 1-3-7　三相异步电动机连续正转控制电路的元器件布置图和电气安装接线图

（2）布线

根据电气安装接线图 1-3-7 按照板前明线布线工艺要求布线，同时剥去绝缘层两端的线头，套上与电路图相一致线号的编码套管。对螺旋式熔断器接线时应注意，电源进线接在瓷质底座的下接线端，负载线接在金属螺纹壳相连的上接线端。

（3）检查布线

根据图 1-3-3 所示电路图，检查布线是否有漏接、错位接线的情况。

（4）安装电动机

先连接电动机和所有元器件金属外壳的保护接地线，再连接电源、电动机等控制板外部的导线。

5. 测试

（1）不通电测试

在不接通电的情况下，学生用万用表根据下列测量方法对电路进行检测。

1）按电路图或电气安装接线图从电源端开始，逐段核对接线及接线端子处线号是否正确，有无漏接、错接之处。检查导线接点是否符合要求，压接是否牢固。同时注意接点接触应良好，以避免带负载运转时产生闪弧现象。

2）用万用表检查电路的通断情况。检查时，应选用量程适当的电阻挡。

①主电路的接线检测。

断开控制电路，再检查主电路有无开路或短路现象。首先把电源开关闭合，按下交流接触器 KM 的衔铁，将万用表的两表笔分别搭在 L1 和 L2、L1 和 L3、L2 和 L3 之间，万用表应显示 ".0L"；然后再将万用表两表笔分别搭在 L1 和 U、L2 和 V、L3 和 W 两端，按下交流接触器 KM 的衔铁，万用表的读数约为 "0"，则表明电路已通，并把测试结果填入表 1-3-4 中。

②控制电路的接线检测（断开主电路）。

可将万用表笔分别搭在 U11、V11 线端上，万用表应显示 ".0L"。按下 SB2 或交流接触器 KM 的衔铁，万用表显示交流接触器线圈的直流电阻值。按住 SB2 再按下 SB1，万用表显示 ".0L"，并把测试结果填入表 1-3-4 中。

表 1-3-4　三相异步电动机连续正转控制电路的不通电测试记录

操作步骤	主电路			控制电路		
	合上电源开关，压下 KM 衔铁			按下 SB2	压下 KM 衔铁	按住 SB2 再按下 SB1
测试位置	L1—U	L2—V	L3—W	U11—V11	U11—V11	U11—V11
电阻值						

（2）通电测试

在使用万用表检测后，接入电源进行通电测试。通电前，确保电路测量充分，做到应检尽检，在教师的监护下按照下列要求通电。

1）为保证人身安全，在通电试车时，要认真执行安全操作规程的有关规定，一人监护，一人操作。试车前，应检查与通电试车有关的电气设备是否有不安全的因素存在，若查出应立即整改，然后方能试车。

2）通电试车前，必须征得教师的同意，并由指导教师接通三相电源 L1、L2、L3，同时在现场监护。学生合上电源开关后，用测电笔检查熔断器出线端，如果氖管亮，说明电源接通。按照表 1-3-5 的操作步骤操作，观察交流接触器情况是否正常，是否符合电路功能要求，元器件的动作是否灵活，有无卡阻及噪声过大等现象，电动机运行情况是否正常等。但不得对电路接线是否正确进行带电检查。观察过程中，若发现有异常现象，应立即停车。当电动机运转平稳后，用钳形电流表测量三相电流是否平衡。按照顺序测试电路各项功能，并将测试结果填入表 1-3-5 中。

表 1-3-5　三相异步电动机连续正转控制电路的通电测试记录

操作步骤	合上电源开关	按下 SB1	按住 SB2	松开 SB2	再次按下 SB1
电动机动作或交流接触器吸合情况					

3）通电试车完毕后，停转，切断电源。先拆除三相电源线，再拆除电动机线。

6. 故障排除

出现故障后，若不能检查出故障，小组成员可互帮互助检查电路，也可在教师的指导下进行检修。若需带电检查时，教师必须在现场监护。检修完毕后，如需要再次试车，教师也应该在现场监护，并填好检修记录单表 1-3-6。

表 1-3-6　三相异步电动机连续正转控制电路检修记录单

序号	设备编号	设备名称	故障现象	故障原因	排除方法	所需材料	维修日期

 操作评价

教师对学生的课堂表现及电路完成的结果进行指标性评价，并填写表 1-3-7。

表 1-3-7　三相异步电动机连续正转控制电路评价表

评价项目	评价内容	配分	评价标准	扣分
课堂表现	课堂学习参与度	10	不听课、不互动、不参与、不操作，酌情扣分	
	团结协作意识	5	不积极参与小组成员分工协作，酌情扣分	
	语言表达能力	5	不积极参与小组讨论，不能积极地回答问题，酌情扣分	

评价项目	评价内容	配分	评价标准	扣分
安装接线	布线图绘制	5	不能完整正确绘制主电路和控制电路，每错一处扣1分	
	元器件选择与检测	5	（1）元器件选错，扣3分 （2）元器件漏检或错检，每处扣2分	
	元器件安装	5	元器件安装不符合要求，不按元器件布置图安装，元器件安装不牢固，元器件安装不整齐、不匀称、不合理，损坏元件，每处扣2分	
	布线工艺	15	（1）严禁损伤线芯和导线绝缘层，接线端子上不能漏铜过长，若有不符，每处扣5分 （2）每个接线端子上连接的导线根数一般不超过两根，并保证不能压绝缘皮，若有不符，每处扣3分 （3）走线合理，做到横平竖直，整齐牢固，若有不符，每处扣1分 （4）导线出线应留有一定余量，并做到长度一致，若有不符，每处扣1分 （5）导线变换走向要垂直，并做到高低一致或前后一致，若有不符，每处扣1分 （6）避免出现交叉线、架空线、缠绕线和叠压线的现象，若有不符，每处扣2分 （7）导线折弯应折成直角，若有不符，每处扣1分 （8）编码套管套装不正确，每处扣1分 （9）漏接接地线，扣3分	
	整体布局	5	（1）面板线路应合理汇集成线束，若有不符，每处扣1分 （2）进出线应合理汇集在端子排上，若有不符，每处扣1分 （3）整体走线应合理美观，若有不符，每处扣1分	
功能测试	不通电检测	10	（1）有故障查不出，扣10分 （2）有故障，查出故障但不能排除，扣5分	
	电路功能测试（加电试车）	20	（1）热继电器未整定或整定错误，扣5分 （2）闭合开关后，电动机不能实现连续运转，扣10分 （3）电动机不能正常停止，扣5分	
安全文明操作	安全文明操作（满足评价标准的五条规定得15分，有一条不满足则不得分）	15	（1）操作结束后整理现场 （2）穿工作服和绝缘鞋操作 （3）通电试车时，不能跳断路器、烧熔断器和电机等器件 （4）通电试车时，安装板上不乱放工具、导线等 （5）通电试车结束后切断电源	
备注			通电试车前需测试控制电路是否存在短路现象，若存在短路现象则不许通电试车。若发生重大安全事故，总分为0分。若在规定的时间内没有完成电路，总分为0分。	

拓展教学

热继电器与熔断器保护作用的区别

热继电器是用来保护电动机过载的，防止电动机过热烧毁；而熔断器用来保护线路。

电动机在运行过程中，如果长期过载、频繁起动、欠电压运行或断相运行等都可能使电动机的电流超过它的额定值。如果电流超过额定值的量不大，熔断器在这种情况下不会熔断，这样会引起电动机过热，损坏绕组的绝缘，缩短电动机的使用寿命，严重时甚至烧坏电动机。因此，必须对电动机采取过载保护措施，最常用的是利用热继电器进行过载保护。

热继电器在三相异步电动机控制电路中只能作过载保护，不能用作短路保护。这是因为热继电器的热惯性大，即热继电器的双金属片受热膨胀弯曲需要一定时间。当电动机发生短路时，由于短路电流很大，热继电器还没来得及动作，供电线路和电源设备可能就已经损坏。故热继电器在三相异步电动机电路中不能做短路保护。

在照明、电加热等电路中，熔断器既可以作短路保护，也可以作过载保护。但在三相异步电动机控制电路中，熔断器只能用作短路保护。若用熔断器作过载保护时，熔断器的额定电流应等于或稍大于电动机的额定电流，而三相异步电动机的起动电流很大（能达到其额定电流的4~7倍），因此电动机在起动时，起动电流大大超过了熔断器的额定电流，使熔断器在瞬间熔断，造成电动机无法起动，所以熔断器只能作短路保护。

总之，热继电器和熔断器两者所起的作用不同，不能相互代替使用。

知识测评

1. 热继电器工作时，其发热元件应串接在（　　　）。

A. 控制电路公共电路上　　　　　　B. 对应电动机定子绕组电路上

C. 对应电动机交流接触器线圈中　　D. 对应电动机交流接触器触点自锁中

2. 关于热继电器，以下说法正确的是（　　　）。

A. 热继电器和熔断器都是利用电流的热效应原理，都可以用来作短路保护

B. 电动机起动时电流很大，热继电器会影响电动机的正常起动

C. 热继电器的整定电流是指长期通过发热元件又刚好使热继电器不动作的最大电流值

D. 流过热继电器的电流一旦超过其整定电流值，热继电器就会立即动作

3. 热继电器中的双金属片受热弯曲，是因为双金属片材料（　　　）。

A. 机械强度不同　　　　　　　　　　B. 热膨胀系数不同

C. 磁导率不同　　　　　　　　　　　D. 电阻率不同

4. 在继电器接触控制电路中，自锁环节的功能是（　　　）。

A. 保证可靠停车　　　　　　　　　　B. 保证起动后连续运行

C. 兼有点动功能 D. 起保护作用

5. 下图中，能实现自锁控制的电路是（ ）。

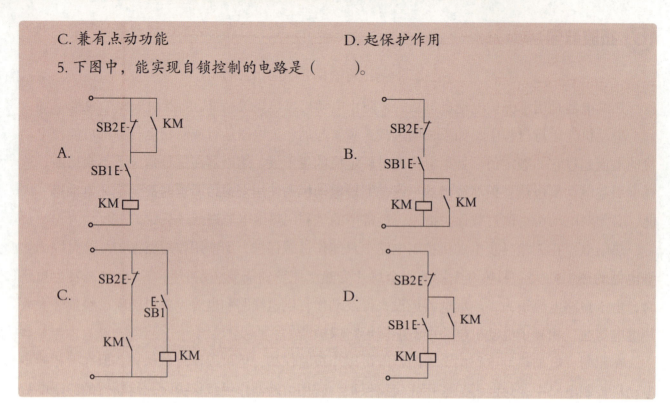

 **子模块 4** **三相异步电动机连续与点动混合正转控制电路的安装与检修**

学习目标

1. 素养目标

（1）通过学习电气实训室安全管理规范，增强安全意识。

（2）在电路的调试、检修过程中养成执着专注，勇于挑战的精神。

（3）按照"7S 管理"培养良好的职业素养。

电气技术人员
的职业素养

2. 知识目标

（1）熟知复合按钮的动作原理及在电路中的作用。

（2）能够绘制三相异步电动机连续与点动混合正转控制电路的原理图、元器件布置图及电气安装接线图。

（3）能正确分析三相异步电动机连续与点动混合正转控制电路的工作原理。

（4）能正确复述三相异步电动机基本控制电路故障检修的一般步骤和方法。

3. 技能目标

（1）学会三相异步电动机连续与点动混合正转控制电路中低压电器的选用与检测。

（2）能按照板前明线布线工艺要求熟练正确安装连续与点动混合正转控制电路。

（3）能根据故障现象，分析故障原因，按照正确的检测步骤排除故障，并完成检修记录。

知识模块

一、连续与点动混合正转控制电路

1. 电气原理图

图 1-4-1 为三相异步电动机连续与点动混合正转控制电路原理图。

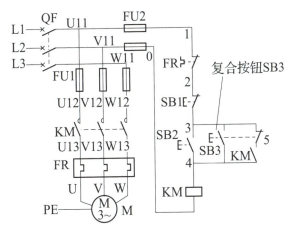

图 1-4-1 三相异步电动机连续与点动混合正转控制电路原理图

2. 电路的工作原理

图 1-4-1 所示的电路，在起动按钮 SB2 的两端并接一个复合按钮 SB3 来实现连续与点动混合正转控制，SB3 的常闭触点应与 KM 自锁触点串接。该电路的工作原理如下：

先合上电源开关 QF。

三相异步电动机连续与点动混合正转控制电路

（1）连续控制

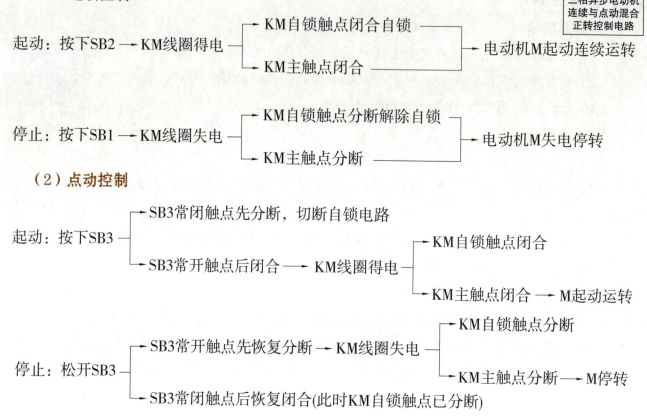

起动：按下 SB2 → KM 线圈得电 —┬— KM 自锁触点闭合自锁 —┐
　　　　　　　　　　　　　　　└— KM 主触点闭合 ————┴— 电动机 M 起动连续运转

停止：按下 SB1 → KM 线圈失电 —┬— KM 自锁触点分断解除自锁 —┐
　　　　　　　　　　　　　　　└— KM 主触点分断 ————————┴— 电动机 M 失电停转

（2）点动控制

起动：按下 SB3 —┬— SB3 常闭触点先分断，切断自锁电路
　　　　　　　　└— SB3 常开触点后闭合 —— KM 线圈得电 —┬— KM 自锁触点闭合
　　　　　　　　　　　　　　　　　　　　　　　　　　　└— KM 主触点闭合 —— M 起动运转

停止：松开 SB3 —┬— SB3 常开触点先恢复分断 —— KM 线圈失电 —┬— KM 自锁触点分断
　　　　　　　　│　　　　　　　　　　　　　　　　　　　　　└— KM 主触点分断 —— M 停转
　　　　　　　　└— SB3 常闭触点后恢复闭合(此时 KM 自锁触点已分断)

二、三相异步电动机基本控制电路故障的检修与分析方法

1. 用观察法，找出明显故障点

出现故障后一般先切断电源，通过观察法找出故障现象，主要是看有无由于故障引起的明显外观征兆，如有无线头松脱、冒烟、烧焦等；测量电气发热元件和电路各部分的温度是否正常等。

2. 用试验法观察故障现象，初步判定故障范围

试验法是指在不损伤电气和机械设备的条件下，以通电试验来查找故障的一种方法。通电试验一般采用"点触"的形式进行试验。若发现某一电器动作不符合要求，则说明故障范围在与此电器有关的电路中，然后在这部分故障电路中进一步检查，便可找出故障点。有时也可采用暂时切除部分电路（如主电路）的方法，来检查各控制环节的动作是否正常，但必须注意不要随意用外力使接触器或继电器动作，以防引起事故。

3. 用逻辑分析法缩小故障范围

根据电气控制电路工作原理、控制环节的动作程序以及它们之间的联系，结合故障现象进

行具体分析，可缩小故障范围，迅速判断故障部位，适用于对复杂电路的故障检查。

4. 用测量法确定故障点

利用校验灯、试电笔、万用表等对电路逐级进行带电或断电测量，以确定故障点。

检查和分析电路故障时，有时需要以上几种方法同时使用，才能迅速找出故障点，排除故障。

现在以图 1-4-2 所示电路中，电动机不能起动为例，介绍故障检查的一般方法。

电动机不能起动，主电路和控制电路发生故障都有可能使电动机不能起动。先利用观察法排除明显的外观征兆，再利用试验法判断故障可能的范围。合上电源，按下 SB2，观察交流接触器是否动作。若动作，则故障可能在主电路；若不动作，则故障可能在控制电路。下面介绍利用万用表检查控制电路的方法。

常用的方法有电压测量法和电阻测量法。

（1）电压分阶测量法

1）测量检查时，先把万用表的转换开关置于交流电压 500 V 以上的挡位上。

2）先切断主电路，再接通控制电路电源。

3）检测时，在松开按钮 SB2 的条件下，按照图 1-4-2 所示，从大范围到小范围逐级检查电路电压。将黑表笔接图 1-4-2 中的点 1，再用红表笔去测量点 2。若电路正常，则应为 380 V。然后，按住 SB2，黑表笔不动，红表笔依次接到 3、4、5 各点上，分别测量 3—1、4—1、5—1 两点间的电压。

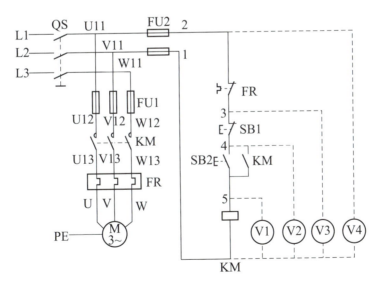

图 1-4-2 电压分阶测量法

4）若电路正常，则 2—1、3—1、4—1、5—1 各阶之间的电压值均应为 380 V，若测到 3—1 阶无电压，则为热继电器 FR 的常闭触点故障（断开）；若测到 4—1 阶无电压，则停止按钮 SB1 故障（断开）；若测到 5—1 阶无电压，则起动按钮 SB2 仍处于断开状态，若 5—1 阶有电压，则说明 KM 线圈开路或接线脱落。

（2）电阻分段测量法

1）切断电路电源。

2）一般将万用表旋钮置于"$R×100$"挡或数字万用表"$R×2K$"挡。

3）分别测量图 1-4-3 所示电路中 2—3、3—4、4—5、5—1 之间的电阻值。

4）常闭触点 2—3 及 3—4 的电阻应为零；常开触点 4—5 的电阻应为无穷大；线圈 KM 的电阻应为几百欧。

5）若测量结果异常，该处即为故障点。

以上是用测量法查找、确定控制电路的故障点，对于主电路的故障点，结合图 1-4-2 主电路说明。

1）闭合电源开关接通电源，把万用表的转换开关置于交流电压 500 V 以上的挡位上，测量交流接触器电源端的 U12—V12、U12—W12、W12—V12 之间的电压，若均为 380 V，说明 U12、V12、W12 三点

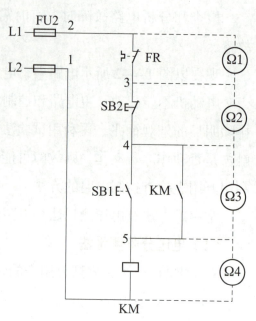

图 1-4-3　电阻分段测量法

至电源无故障，可进行第二步测量。否则可再测量 U11—V11、U11—W11、W11—V11 顺次至 L1—L2、L2—L3、L3—L1，直到发现故障。

2）断开主电路电源，用万用表的电阻挡（一般选"$R×10$"以上挡位）测量交流接触器负载端 U13—V13、U13—W13、V13—V13 之间的电阻，若电阻均较小（电动机定子绕组的直流电阻），说明 U13、V13、W13 三点至电动机无故障，可判断为交流接触器主触点有故障。否则可再测量 U—V、U—W、W—V 到电动机接线端子处，直到发现故障。

（3）电阻测量法的注意事项

用电阻测量法检查故障时要注意以下几点：

1）用电阻测量法检查故障时一定要断开电源。

2）如果被测的电路与其他电路并联，必须将该电路与其他电路断开，即断开寄生回路，否则所测得的电阻值是不准确的。

3）测量高电阻值的电气元器件时，把万用表的选择开关旋转至适当的电阻挡位。

⚙ **操作模块**

1. 安全教育

学习电气实训室安全管理规范，增强安全意识。

2. 识读电路图

识读电路图 1-4-1，明确电路所用元器件及其作用，熟悉其工作原理。按照图 1-4-1 所示配齐所需元器件，也可参照表 1-4-1 器具清单配齐所需材料。

经查阅《电工手册》等相关资料和相关计算，三相异步电动机连续与点动混合正转控制电路的器具清单如表 1-4-1 所示。

表 1-4-1　器具清单

序号	名称	型号	规格	数量
1	三相异步电动机 M	Y2-100L-4	3 kW、380 V、6.7 A	1
2	断路器	DZ47s-D63	三极、400 V	1
3	熔断器 FU1	RT18-32	500 V、配熔体 25 A	3
4	熔断器 FU2	RT18-32	500 V、配熔体 2 A	2
5	交流接触器 / F4 交流接触器辅助触点	CJX2-2510、F4-22	25 A、线圈额定电压 380 V	1
6	热继电器 FR	JR36-20/3	三极、20 A、整定电流 6.7 A	1
7	按钮 SB1~SB3	LA4-3H	保护式、按钮数 3	1
8	端子排	TB-1512/1510	15 A、12 节、600 V/15 A、10 节、600 V	3
9	导线（主电路）	BV 和 BVR	1.5 mm²	若干
10	导线（控制电路）	BV	1 mm²	若干
11	导线（接地线）	BVR	1.5 mm²（黄绿双色）	若干
12	导线（按钮）	BVR	0.75 mm²	若干
13			配电板 1 块，紧固螺丝与编码套管若干	
14	工具		测电笔、螺丝刀、尖嘴钳、斜口钳、剥线钳、冲击钻	
15	仪表		兆欧表、钳形电流表、万用表	

3. 检测元器件

根据电路图或器具清单配齐元器件，并进行必要的检测。

学生协作按照所学方法对电源开关、熔断器、交流接触器、按钮和热继电器进行检测，按要求调节热继电器的整定值，并填写元器件检测记录表 1-4-2。

表 1-4-2　元器件检测记录表

序号	名称	型号	数量	电源开关触点电阻		交流接触器				按钮		热继电器				熔断器
				分闸时触点接触电阻	合闸时触点接触电阻	线圈电阻	主触点	常闭触点	常开触点	常闭触点	常开触点	热元件	常闭触点	常开触点	整定值	阻值
1	断路器															
2	熔断器															
3	交流接触器															
4	按钮															
5	热继电器															

4. 安装与接线

（1）绘制元器件布置图和电气安装接线图

根据图 1-4-1 绘出三相异步电动机连续与点动混合正转控制电路的元器件布置图和电气安装接线图，学生在图 1-4-4 所示的电气安装接线图中自行连线，并根据元器件布置图安装元器件。在控制板上进行元器件的布置与安装时，各元器件的安装位置应整齐、匀称、间距合理，便于元器件的更换。紧固各元器件时要用力均匀。在紧固熔断器、交流接触器等易碎元器件时，应用手按住元器件，逐渐旋紧螺钉。

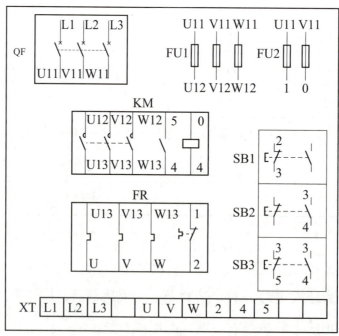

图 1-4-4　三相异步电动机连续与点动混合正转控制电路的元器件布置图和电气安装接线图

（2）布线

根据电气安装接线图 1-4-4 按照板前明线布线工艺要求布线，同时剥去绝缘层两端的线头，套上与电路图相一致线号的编码套管。对螺旋式熔断器接线时应注意，电源进线接在瓷质底座的下接线端，负载线接在金属螺纹壳相连的上接线端。

（3）检查布线

根据图 1-4-1 所示电路图，检查布线是否有漏接、错位接线的情况。

（4）安装电动机

先连接电动机和所有元器件金属外壳的保护接地线，再连接电源、电动机等控制板外部的导线。

5.检修训练

（1）检修步骤和方法

以图 1-4-1 三相异步电动机连续与点动混合正转控制电路电动机缺相运行为例，介绍故障检修步骤和方法，如表 1-4-3 所示。

表 1-4-3　故障检修步骤和方法

检修步骤	检修方法	
	控制电路	主电路
（1）用观察法，查找是否有明显故障点	经仔细观察，控制电路没有明显故障点	经仔细观察，主电路没有明显故障点
（2）用试验法观察故障现象	合上 QF，按下 SB2 或 SB3 时，KM 均不吸合	合上 QF，按下 SB2 或 SB3 时，M 转速极低甚至不转，并发出"嗡嗡"声，此时，应立即切断电源
（3）用逻辑分析法判定故障范围	由 KM 不吸合分析电路图，初步确定故障点可能在控制电路的公共支路上	根据故障现象分析线路，判定故障范围可能在主电路上
（4）用测量法确定故障点	用电压测量法找到故障点为控制电路上热继电器常闭触点已分断	断开 QF，用验电笔检验主电路无电后，拆除 M 的负载线并恢复绝缘。再合上 QF，按下 SB2，用验电笔从上至下依次测试各连接点，查得 U13 段的导线开路
（5）根据故障点的情况，采取正确的检修方法排除故障	故障点是 FR 常闭触点分断，故按下 FR 复位按钮后，控制电路即正常	重新接好 U13 处的连接点，或更换同规格的连接交流接触器输出端 W13 与热继电器受电端 W13 的导线
（6）检修完毕通电试车	切断电源，重新连好电动机 M 的负载线，在教师同意并监护下，合上 QF，按下 SB2 或 SB3，观察并检测线路和电动机的运行情况，检验合格后电动机正常运行	

（2）检修练习

根据上述检测步骤练习检修三相异步电动机连续与点动混合正转控制电路人为设置的故障，并填写检修记录单表 1-4-4。

表 1-4-4　检修记录单

序号	设备编号	设备名称	故障现象	故障原因	排除方法	所需材料	维修日期
			按下 SB2 和 SB3 时，交流接触器不动作				
			按下 SB2 和 SB3 时，交流接触器吸合，电动机不转				

（3）检修注意事项

1）在排除故障的过程中，分析思路和排除方法要正确。

2）用测电笔检测故障时，必须检查测电笔是否符合使用要求。

3）不能随意更改线路或带电触摸元器件。

4）仪表使用要正确，以避免引起错误判断。

5）排除故障必须在规定的时间内完成。

操作评价

教师对学生的课堂表现及电路完成的结果进行指标性评价，并填写表 1-4-5。

表 1-4-5　三相异步电动机连续与点动混合正转控制电路评价表

评价项目	评价内容	配分	评价标准	扣分
课堂表现	课堂学习参与度	5	不听课、不互动、不参与、不操作，酌情扣分	
	检修电路专注度	10	不愿动脑分析故障，不会排除故障，酌情扣分	
安装接线	布线图绘制	5	不能完整正确绘制主电路和控制电路，每错一处扣 1 分	
	元器件选择与检测	5	（1）元器件选错，扣 3 分 （2）元器件漏检或错检，每处扣 2 分	
	元器件安装	5	元器件安装不符合要求，不按元器件布置图安装，元器件安装不牢固，元器件安装不整齐、不匀称、不合理，损坏元件，每处扣 2 分	

续表

评价项目	评价内容	配分	评价标准	扣分
安装接线	布线工艺	10	（1）严禁损伤线芯和导线绝缘层，接线端子上不能漏铜过长，若有不符，每处扣5分 （2）每个接线端子上连接的导线根数一般不超过两根，并保证不能压绝缘皮，若有不符，每处扣3分 （3）走线合理，做到横平竖直，整齐牢固，若有不符，每处扣1分 （4）导线出线应留有一定余量，并做到长度一致，若有不符，每处扣1分 （5）导线变换走向要垂直，并做到高低一致或前后一致，若有不符，每处扣1分 （6）避免出现交叉线、架空线、缠绕线和叠压线的现象，若有不符，每处扣2分 （7）导线折弯应折成直角，若有不符，每处扣1分 （8）编码套管套装不正确，每处扣1分 （9）漏接接地线，扣3分	
检修训练	故障分析	10	（1）故障分析、排除故障思路不正确，扣10分 （2）标错电路故障范围，扣5分	
	排除故障	20	（1）停电不验电，扣5分 （2）工具及仪表使用不当，每次扣4分 （3）排除故障的顺序不对，扣5~10分 （4）不能查出故障点，每个扣10分 （5）查出故障点，但不能排除，每个扣5分 （6）产生新的故障，不能排除，每个扣20分 （7）产生新的故障，已经排除，每个扣10分 （8）损坏电动机，扣20分 （9）损坏电器元件，或排除故障方法不正确，每只（次）扣5~20分	
通电试车	功能测试	15	第一次试车不成功，扣10分 第二次试车不成功，扣10分 第三次试车不成功，扣15分	
安全文明操作	安全文明操作（满足评价标准的五条规定得15分，有一条不满足则不得分）	15	（1）操作结束后整理现场 （2）穿工作服和绝缘鞋操作 （3）通电试车时，不能跳断路器、烧熔断器和电机等器件 （4）通电试车时，安装板上不乱放工具、导线等 （5）通电试车结束后切断电源	
备注	通电试车前需测试控制电路是否存在短路现象，若存在短路现象则不许通电试车。若发生重大安全事故，总分为0分。若在规定的时间内没有完成电路，总分为0分。			

1. 如图 1-4-5 所示控制电路中，若出现接通电源即运行，按下 SB3 能停止，松开 SB3 又运行的现象，可能的原因是（　　）。

A. SB2 常开触点误接成常闭触点

B. SB3 常开触点误接成常闭触点，常闭触点误接成常开触点

C. SB1 常闭触点误接成常开触点

D. FR 接成常开触点

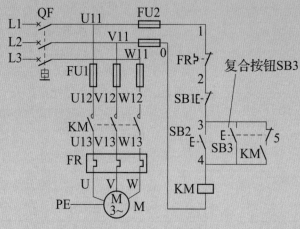

图 1-4-5　题 1 用图

2. 下图所示各控制电路中不能实现连续和点动控制的电路是（　　）。

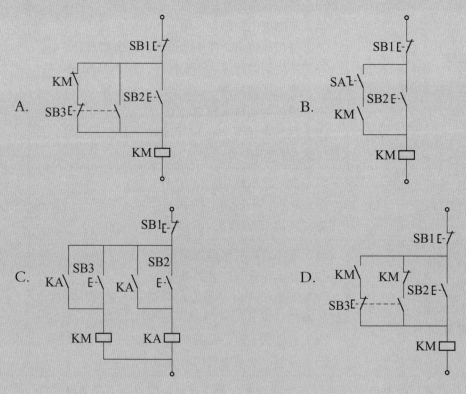

三相异步电动机全压双向起动控制电路的安装与调试

 **子模块 1** 三相异步电动机的正反转控制电路的安装与调试

学习目标

1. 素养目标

（1）通过学习安全操作规范，增强安全意识。

（2）在电路的安装检测过程中养成认真负责、吃苦耐劳的劳动品质。

劳动最光荣

2. 知识目标

（1）能正确理解三相异步电动机反转的原理。

（2）能正确分析三相异步电动机正反转控制电路的原理及互锁作用。

（3）能够绘制三相异步电动机正反转控制电路的原理图、元器件布置图及电气安装接线图。

3. 技能目标

（1）学会正反转控制电路中低压电器的选用与简单检修。

（2）能按照板前明线布线工艺要求进行正反转控制电路的安装与调试。

（3）能根据故障现象分析故障原因，按照正确的检测步骤排除故障，并完成检修记录。

知识模块

一、倒顺开关

倒顺开关是组合开关的一种，也称可逆转换开关，是专为控制小容量三相异步电动机的正

反转而设计生产的。开关的手柄有"倒""停""顺"三个位置，手柄只能从"停"的位置左转或右转45°，其外形和图形符号如图2-1-1所示。

二、三相异步电动机的正反转控制电路

1. 三相异步电动机的反转

三相异步电动机的转向与旋转磁场的转向相同，因此要使三相异步电动机反转就必须改变旋转磁场的转向。当改变通入电动机定子绕组的三相电源相序时，电动机的旋转磁场的转向也会发生改变，即把接入电动机三相电源进线中的任意两相对调接线时，电动机就可以反转，如图2-1-2所示，利用倒顺开关QS改变通入电动机的电源相序。

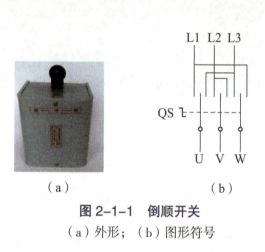

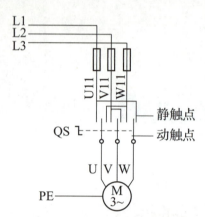

图2-1-1　倒顺开关
（a）外形；（b）图形符号

图2-1-2　正反转控制原理图

操作倒顺开关QS，当手柄处于"停"位置时，QS的动、静触点不接触，电路不通，电动机不转；当手柄扳至"顺"位置时，QS的动触点和左边的静触点相接触，电路按L1—U、L2—V、L3—W接通，输入电动机定子绕组的电源电压相序为L1—L2—L3，电动机正转；当手柄扳至"倒"位置时，QS的动触点和右边的静触点相接触，电路按L1—W、L2—V、L3—U接通，输入电动机定子绕组的电源电压相序变为L3—L2—L1，即将电动机两相绕组与电源线互调，电动机反转。

倒顺开关正反转控制电路虽然所用电器较少、电路比较简单，但它是一种手动控制电路，在频繁换向时，操作人员劳动强度大，操作安全性差，所以这种电路一般用于控制额定电流为10 A、功率在3 kW及以下的小容量电动机。在实际生产中，更常用的是用按钮、接触器来控制电动机的正反转。

2. 接触器联锁正反转控制电路

图2-1-3为接触器联锁正反转控制电路。电路中采用了两个接触器来改变电源的相序。从主电路中可以看出，这两个接触器的主触点所接通的电源相序不同，KM1按L1—L2—L3相序接线，KM2则按L3—L2—L1相序接线。相应的控制电路有两条，一条是由按钮SB1和接触器KM1线圈等组成的正转控制电路；另一条是由按钮SB2和接触器KM2线圈等组成的反转控制电路。

接触器 KM1 和 KM2 不允许同时闭合，否则将造成两相电路短路事故。为了避免两个接触器 KM1 和 KM2 同时得电动作，在正转、反转控制电路中分别串接了对方接触器的一对辅助常闭触点。

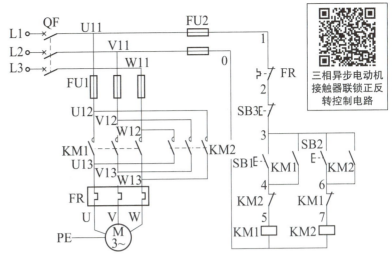

当一个接触器得电动作时，通过其辅助常闭触点的断开使另一个接触器不能得电动作，接触器之间这种相互制约作用称为接触器联锁

图 2-1-3　接触器联锁正反转控制电路原理图

（或互锁）。实现联锁作用的辅助常闭触点称为联锁触点（或互锁触点）。

3. 按钮、接触器双重联锁正反转控制电路

在图 2-1-3 所示的接触器联锁正反转控制电路中，电动机从正转变为反转时，必须先按下停止按钮后，才能按反转按钮，否则由于接触器的联锁作用，不能实现反转。因此电路虽工作安全可靠，但操作不便。如果把正转按钮 SB1 和反转按钮 SB2 换成两个复合按钮，并把两个复合按钮的常闭触点也串接在对方的控制电路中，构成如图 2-1-4 所示的按钮、接触器双重联锁正反转控制电路，就能克服接触器联锁正反转控制电路操作不便的缺点，使电路操作方便，工作安全可靠。图 2-1-4 为按钮、接触器双重联锁正反转控制电路，其工作原理如下：

合上电源开关。

（1）正转控制

（2）反转控制

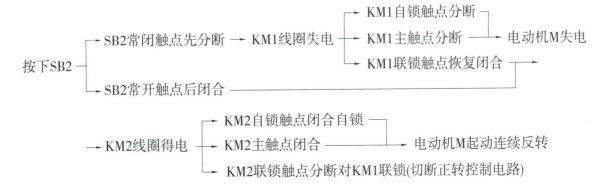

（3）停止

按下 SB1，整个控制电路失电，主触点分断，电动机 M 失电停转。

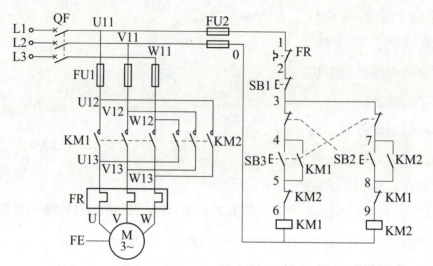

图 2-1-4　按钮、接触器双重联锁正反转控制电路原理图

操作模块

1. 安全教育

学习电气实训室安全管理规范，增强安全意识。

2. 识读电路图

识读电路图 2-1-4，明确电路所用元器件及其作用，熟悉其工作原理。按照图 2-1-4 所示配齐所需元器件，也可参照表 2-1-1 器具清单配齐所需材料。

经查阅《电工手册》等相关资料和相关计算，图 2-1-4 所示电路的器具清单如表 2-1-1 所示。

表 2-1-1　器具清单

序号	名称	型号	规格	数量
1	三相异步电动机	Y2-100L-4	3 kW、380 V、6.7 A	1
2	电源开关 QF	DZ47s-D63	三极、400 V	1
3	熔断器 FU1	RT18-32	500 V、配熔体 25 A	3
4	熔断器 FU2	RT18-32	500 V、配熔体 2 A	2
5	交流接触器 / F4 交流接触器辅助触点	CJX2-2510、F4-22	25 A、线圈额定电压 380 V	2
6	热继电器 FR	JR36-20/3	三极、20 A、整定电流 6.7 A	1
7	按钮 SB1~SB3	LA4-3H	保护式、按钮数 3	1

续表

序号	名称	型号	规格	数量
8	端子排	TB-1512/1510	15 A、12 节、600 V/15 A、10 节、600 V	1
9	导线（主电路）	BV	1.5 mm²	若干
10	导线（控制电路）	BV	1 mm²	若干
11	导线（接地线）	BVR	1.5 mm²（黄绿双色）	若干
12	导线（按钮）	BVR	0.75 mm²	若干
13	配电板 1 块，紧固螺丝与编码套管若干			
14	工具	测电笔、螺丝刀、尖嘴钳、斜口钳、剥线钳、冲击钻		
15	仪表	兆欧表、钳形电流表、万用表		

3. 检测元器件

根据电路图或器具清单配齐元器件，并进行必要的检测。

学生协作按照所学方法对电源开关、熔断器、交流接触器、按钮和热继电器进行检测，按要求调节热继电器的整定值，并填写元器件检测记录表 2-1-2。

表 2-1-2　元器件检测记录表

序号	名称	型号	数量	电源开关触点电阻		交流接触器			按钮		热继电器				熔断器
				分闸时触点接触电阻	合闸时触点接触电阻	线圈电阻	主触点	常闭触点	常开触点	常闭触点	常开触点	热元件	常闭触点	常开触点	整定值	阻值
1	断路器															
2	熔断器															
3	交流接触器															
4	按钮															
5	热继电器															

4. 安装与接线

（1）绘制元器件布置图和电气安装接线图

根据图 2-1-4 电路图绘出按钮、接触器双重联锁正反转控制电路的元器件布置图和电气安装接线图，学生在图 2-1-5 所示电气安装接线图中自行连线，并根据元器件布置图安装元器件。在控制板上进行元器件的布置与安装时，各元器件的安装位置应整齐、匀称、间距合理，便于元器件的更换。紧固各元器件时要用力均匀。在紧固熔断器、交流接触器等易碎元器件时，应用手按住元器件，逐渐旋紧螺钉。

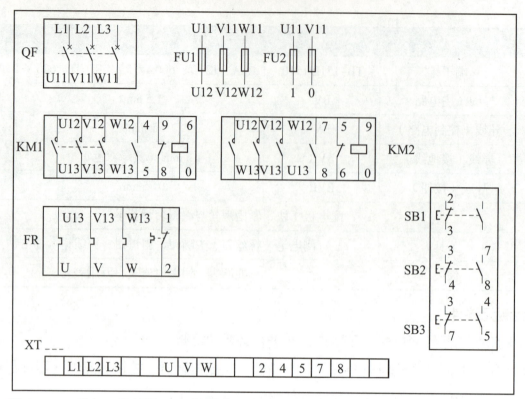

图 2-1-5　按钮、接触器双重联锁正反转控制电路的元器件布置图和电气安装接线图

（2）布线

根据电气安装接线图 2-1-5 按照板前明线布线工艺要求布线，同时剥去绝缘层两端的线头，套上与电路图相一致线号的编码套管。对螺旋式熔断器接线时应注意，电源进线接在瓷质底座的下接线端，负载线接在金属螺纹壳相连的上接线端。

（3）检查布线

根据图 2-1-4 所示电路图，检查布线是否有漏接、错位接线的情况。

（4）安装电动机

先连接电动机和所有元器件金属外壳的保护接地线，再连接电源、电动机等控制板外部的导线。

5. 测试

（1）不通电测试

在不接通电的情况下，学生用万用表根据下列测量方法对电路进行检测。

1）按电路图或电气安装接线图从电源端开始，逐段核对接线及接线端子处线号是否正确，有无漏接、错接之处。检查导线接点是否符合要求，压接是否牢固。同时注意接点接触应良好，以避免带负载运转时产生闪弧现象。

三相异步电动机双重联锁正反转控制电路检测

2）用万用表检查电路的通断情况。检查时，应选用量程适当的电阻挡。

①主电路的接线检测。

断开控制电路，再检查主电路有无开路或短路现象。首先将电源开关闭合，先按下交流接触器 KM1 的衔铁，将万用表的两表笔分别搭在 L1 和 L2、L1 和 L3、L2 和 L3 之间，万用表应显示".0L"，万用表笔不动，松开交流接触器 KM1 的衔铁，再按下 KM2 的衔铁，万用表仍显示".0L"；将万用表两表笔分别搭在 L1 和 U、L2 和 V、L3 和 W 两端，按下交流接触器 KM1 的衔铁，用万用表测得各相电阻值若近似相等，则表明电路已通。然后再将万用表两表笔分别搭在 L1 和 W、L2 和 V、L3 和 U 两端，按下交流接触器 KM2 的衔铁，用万用表测得各相电阻值若近似相等，则表明电路已通。然后把测试结果填入表 2-1-3 中。

②控制电路的接线检测（断开主电路）。

检查 KM1 支路通断：将万用表两表笔分别搭在 U11 和 V11 两线端，按下起动按钮 SB3 或交流接触器 KM1 的衔铁，万用表读数应为交流接触器 KM1 线圈的直流电阻值。松开 SB3 或 KM1 衔铁，万用表应显示".0L"。

检查 KM2 支路通断：将万用表两表笔分别搭在 U11 和 V11 两线端，按下起动按钮 SB2 或交流接触器 KM2 的衔铁，万用表读数应为交流接触器 KM2 线圈的直流电阻值。松开 SB2 或 KM2 衔铁，万用表应显示".0L"。

检查联锁功能：将万用表两表笔分别搭在 U11 和 V11 两线端，依次压下交流接触器 KM1 和 KM2 衔铁，万用表应先显示交流接触器 KM1 的直流电阻值再显示".0L"；松开交流接触器 KM1 和 KM2 的衔铁，依次按下 SB3 和 SB2，万用表应先显示交流接触器 KM1 的直流电阻值再显示".0L"。

检查停止控制功能：按住 SB2 或 SB3 再按下 SB1，万用表应显示".0L"，然后把测试结果填入表 2-1-3 中。

表 2-1-3　按钮、接触器双重联锁正反转控制电路的不通电测试记录

操作步骤	主电路						控制电路			
	合上电源开关，压下 KM1 衔铁			合上电源开关，压下 KM2 衔铁			KM1 支路通断	KM2 支路通断	联锁功能	停止控制功能
测试位置	L1—U	L2—V	L3—W	L1—W	L2—V	L3—U	U11—V11	U11—V11	U11—V11	U11—V11
电阻值										

（2）通电测试

在使用万用表检测后，接入电源进行通电测试。通电前，确保电路测量充分，做到应检尽检，在教师的监护下按照下列要求通电。

1）为保证人身安全，在通电试车时，要认真执行安全操作规程的有关规定，一人监护，一人操作。试车前，应检查与通电试车有关的电气设备是否有不安全的因素存在，若查出应立即整改，然后方能试车。

2）通电试车前，必须征得教师的同意，并由指导教师接通三相电源 L1、L2、L3，同时在现场监护。学生合上电源开关后，用测电笔检查熔断器出线端，如果氖管亮，说明电源接通。按照表 2-1-4 的操作步骤操作，观察交流接触器情况是否正常，是否符合电路功能要求，元器件的动作是否灵活，有无卡阻及噪声过大等现象，电动机运行情况是否正常等。但不得对电路接线是否

正确进行带电检查。观察过程中，若发现有异常现象，应立即停车。当电动机运转平稳后，用钳形电流表测量三相电流是否平衡。按照顺序测试电路各项功能，并将测试结果填入表 2-1-4 中。

表 2-1-4　按钮、接触器双重联锁正反转控制电路的通电测试记录

操作步骤	合上电源开关	按下 SB3	按下 SB2	再按下 SB3	按下 SB1
电动机动作或交流接触器吸合情况					

3）通电试车完毕后，停转，切断电源。先拆除三相电源线，再拆除电动机线。

6. 故障排除

出现故障后，学生按照故障检修步骤和方法检修电路。若不能检查出故障，小组成员可互帮互助检查电路，也可在教师的指导下进行检修。若需带电检查时，教师必须在现场监护。检修完毕后，如需要再次试车，教师也应该在现场监护，并填好检修记录单表 2-1-5。

三相异步电动机双重联锁正反转控制电路通电试车

表 2-1-5　按钮、接触器双重联锁正反转控制电路检修记录单

序号	设备编号	设备名称	故障现象	故障原因	排除方法	所需材料	维修日期

⊙ 操作评价

教师对学生的课堂表现及电路完成的结果进行指标性评价，并填写表 2-1-6。

表 2-1-6　按钮、接触器双重联锁正反转控制电路评价表

评价项目	评价内容	配分	评价标准	扣分
课堂表现	课堂学习参与度	10	不听课、不互动、不参与、不操作，酌情扣分	
	团结协作意识	5	不积极参与小组成员分工协作，酌情扣分	
	语言表达能力	5	不积极参与小组讨论，不能积极地回答问题，酌情扣分	
安装接线	布线图绘制	5	不能完整正确绘制主电路和控制电路，每错一处扣 1 分	
	元器件选择与检测	5	（1）元器件选错，扣 3 分 （2）元器件漏检或错检，每处扣 2 分	
	元器件安装	5	元器件安装不符合要求，不按元器件布置图安装，元器件安装不牢固，元器件安装不整齐、不匀称、不合理，损坏元件，每处扣 2 分	

续表

评价项目	评价内容	配分	评价标准	扣分
安装接线	布线工艺	15	（1）严禁损伤线芯和导线绝缘层，接线端子上不能漏铜过长，若有不符，每处扣5分 （2）每个接线端子上连接的导线根数一般不超过两根，并保证不能压绝缘皮，若有不符，每处扣3分 （3）走线合理，做到横平竖直，整齐牢固，若有不符，每处扣1分 （4）导线出线应留有一定余量，并做到长度一致，若有不符，每处扣1分 （5）导线变换走向要垂直，并做到高低一致或前后一致，若有不符，每处扣1分 （6）避免出现交叉线、架空线、缠绕线和叠压线的现象，若有不符，每处扣2分 （7）导线折弯应折成直角，若有不符，每处扣1分 （8）编码套管套装不正确，每处扣1分 （9）漏接接地线，扣3分	
	整体布局	5	（1）面板线路应合理汇集成线束，若有不符，每处扣1分 （2）进出线应合理汇集在端子排上，若有不符，每处扣1分 （3）整体走线应合理美观，若有不符，每处扣1分	
功能测试	不通电检测	10	（1）有故障查不出，扣10分 （2）有故障，查出故障但不能排除，扣5分	
	电路功能测试（加电试车）	20	（1）热继电器未整定或整定错误，扣5分 （2）按下SB3，电动机不能实现连续正转，扣5分 （3）按下SB2，电动机不能实现连续反转，扣5分 （4）电动机不能正常停止，扣5分	
安全文明操作	安全文明操作（满足评价标准的五条规定得15分，有一条不满足则不得分）	15	（1）操作结束后整理现场 （2）穿工作服和绝缘鞋操作 （3）通电试车时，不能跳断路器、烧熔断器和电机等器件 （4）通电试车时，安装板上不乱放工具、导线等 （5）通电试车结束后切断电源	
备注	通电试车前需测试控制电路是否存在短路现象，若存在短路现象则不许通电试车。若发生重大安全事故，总分为0分。若在规定的时间内没有完成电路，总分为0分。			

拓展教学

三相异步电动机结构和旋转磁场的产生原理

三相异步电动机主要由定子和转子两大部分组成，定子与转子之间有气隙。定子是指电动机静止不动的部分，主要包括定子铁芯、定子绕组、机座、端盖、罩壳等部件。转子指电动机的旋转部分，包括转子铁芯、转子绕组、风扇、转轴等部件。图 2-1-6 所示为笼型三相异步电动机的结构。

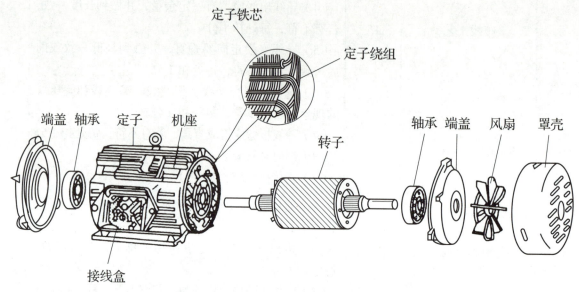

图 2-1-6　笼型三相异步电动机的结构

三相异步电动机的定子铁芯中放置三相结构完全相同的绕组 U、V、W，各相绕组在空间上互差 120° 电角度，如图 2-1-7（a）所示，向三相绕组通入对称的三相交流电，如图 2-1-7（b）所示。

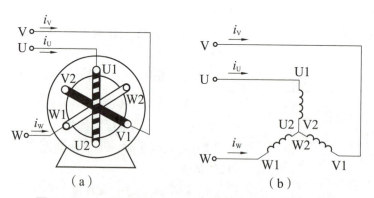

图 2-1-7　三相异步电动机旋转磁场产生的接线图

三相交流电将在三相定子绕组中分别产生相应的磁场，如图 2-1-8 所示。

在 $\omega t=0$ 瞬间，$i_U=0$，故 U1U2 绕组中无电流；i_V 为负，假定电流从绕组末端 V2 流入，从首端 V1 流出；i_W 为正，则电流从绕组首端 W1 流入，从末端 W2 流出。绕组中电流产生的合成磁场如图 2-1-8（a）所示。

$\omega t=\pi/2$ 瞬间，i_{U} 为正，电流从首端 U1 流入，从末端 U2 流出；i_V 为负，电流仍从末端 V2 流入，从首端 V1 流出；i_W 为负，电流从末端 W2 流入，从首端 W1 流出。绕组中电流产生的合成磁场如图 2-1-8（b）所示，可见合成磁场顺时针转过了 90°。

继续按上述方法分析在 $\omega t=\pi$、$\dfrac{3}{2}\pi$、2π 的不同瞬间，三相交流电在三相定子绕组中产生的合成磁场，可得到如图 2-1-8（c）~（e）所示的变化，观察这些图中合成磁场的分布规律可见，合成磁场按顺时针方向旋转，并旋转了一周。

由以上分析可知，在定子、转子与气隙之间产生了旋转磁场。三相异步电动机转子的转动方向由这个旋转磁场的方向决定。旋转磁场顺时针旋转时，电动机的转子也会随着一起顺时针旋转；旋转磁场逆时针旋转时，电动机的转子也会逆时针旋转。所以，如果需要电动机反向旋转，只需要将旋转磁场的方向转变即可。由旋转磁场的产生原理可知，旋转磁场的旋转方向由电源的相序决定的，改变通入定子绕组的电源相序，即对调三相电源的任意两根电源线，旋转磁场会反向旋转，三相异步电动机也随之发生反转。

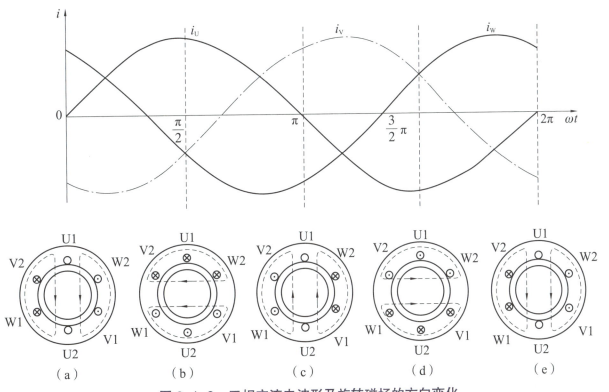

图 2-1-8　三相交流电波形及旋转磁场的方向变化

（a）$\omega t=0$；（b）$\omega t=\dfrac{\pi}{2}$；（c）$\omega t=\pi$；（d）$\omega t=\dfrac{3}{2}\pi$；（e）$\omega t=2\pi$

知识测评

1. 分析判断图 2-1-9 所示主电路或控制电路能否实现正反转控制。若不能，说明其原因。

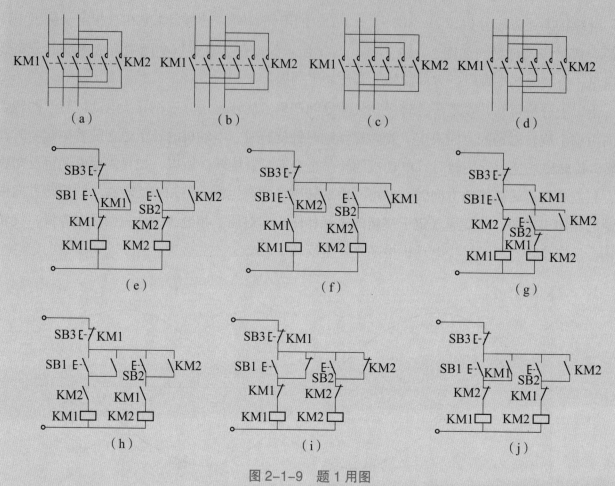

图 2-1-9 题 1 用图

2. 什么是联锁控制？在电动机正反转控制电路中为什么必须有联锁控制？指出图 2-1-10 所示控制电路中哪些电器元件起联锁作用？各电路有什么优缺点？

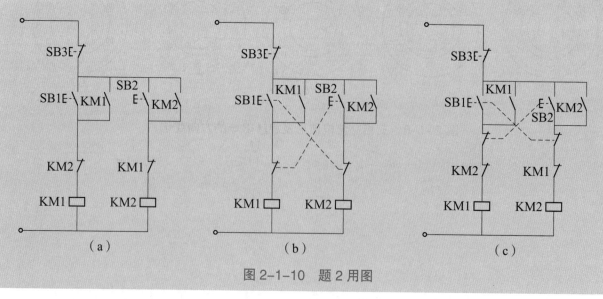

图 2-1-10 题 2 用图

子模块 2 自动往返控制电路的安装与调试

学习目标

1. 素养目标

（1）通过学习安全操作规范，增强安全意识。

（2）在电路的安装检测过程中养成精益求精的工匠精神。

（3）通过小组合作学习，提升团队协作能力。

工匠精神匠心
筑梦

2. 知识目标

（1）熟知行程开关的结构、动作原理、符号、型号及含义。

（2）正确分析自动往返控制电路的原理及互锁作用。

（3）能够绘制自动往返控制电路的原理图、元器件布置图及电气安装接线图。

3. 技能目标

（1）要学会自动往返控制电路中低压电器的选用与简单检修。

（2）能按照板前线槽布线工艺要求进行自动往返控制电路的安装与调试。

（3）能根据故障现象，分析故障原因，按照正确的检测步骤排除故障，并完成检修记录。

知识模块

一、主令电器——行程开关

行程开关又称限位开关或位置开关，是一种利用生产机械的某些运动部件的碰撞来发出控制指令的主令电器，用于控制生产机械的运动方向、行程大小和位置保护等。

行程开关的作用原理与按钮相同，区别在于它不是靠手指的按压，而是利用生产机械运动部件的碰压使其触点动作，从而将机械信号转变为电信号，使运动机械按一定的位置或行程实现自动停止、反向运动、变速运动或自动往返运动等。

1. 行程开关的结构

行程开关的种类很多，常用的行程开关有按钮式（直动式）、单轮旋转式（滚轮式）、双轮旋转式行程开关，它们的外形如图 2-2-1 所示。

图 2-2-1 行程开关外形

（a）双轮旋转式；（b）按钮式；（c）单轮旋转式；（d）微动式

　　各种系列的行程开关其基本结构大体相同，都由操作头、触点系统和外壳组成，如图 2-2-2 所示。直动式、微动式行程开关结构示意图如图 2-2-3、图 2-2-4 所示。

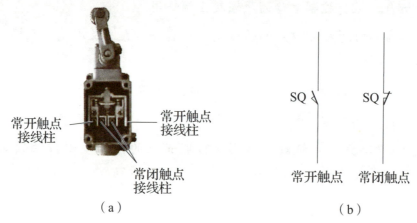

图 2-2-2 行程开关的结构及图形符号

（a）结构；（b）图形符号

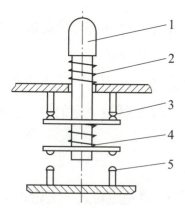

图 2-2-3 直动式行程开关

1—顶杆；2—弹簧；3—常闭触点；

4—触点弹簧；5—常开触点

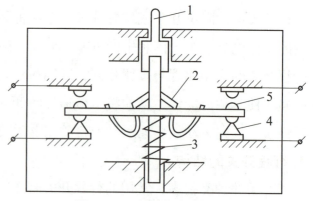

图 2-2-4 微动式行程开关

1—推杆；2—弹簧；3—压缩弹簧；

4—常闭触点；5—常开触点

2. 行程开关的型号及含义

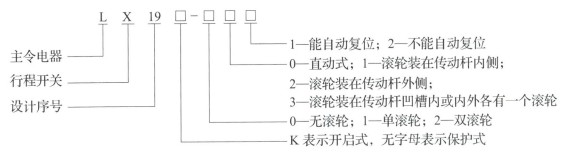

主令电器 ——
行程开关 ——
设计序号 ——

1—能自动复位；2—不能自动复位
0—直动式；1—滚轮装在传动杆内侧；
2—滚轮装在传动杆外侧；
3—滚轮装在传动杆凹槽内或内外各有一个滚轮
0—无滚轮；1—单滚轮；2—双滚轮
K 表示开启式，无字母表示保护式

3. 行程开关的选用

在选用行程开关时，应根据不同的使用场合，满足额定电压、额定电流、复位方式和触点数量等方面的要求。

1）根据应用场合及控制对象选择种类。

2）根据控制要求确定触点的数量和复位方式。

3）根据控制回路的额定电压和电流选择系列。

4）根据安装环境确定开关的防护形式，如开启式或保护式。

4. 行程开关常见故障及处理方法

行程开关在使用中会出现各种各样的问题，行程开关常见故障及处理方法如表2-2-1所示。

表 2-2-1　行程开关常见故障及处理方法

故障现象	可能原因	处理方法
挡铁碰撞开关后触点不动作	开关位置安装不合适	调整开关位置
	触点接触不良	清洁触点
	触点连接线路脱落	紧固连接线
行程开关复位后，常闭触点不能闭合	触杆被杂物卡住	清扫开关
	动触点脱落	重新调整动触点
	弹簧弹力减退或被卡住	调换弹簧
	触点偏斜	调换触点
杠杆偏转后触点未动	行程开关位置太低	将开关向上调到合适位置
	机械卡阻	打开后盖清扫开关

二、自动往返控制电路

1. 电气原理图

某些生产机械的工作台需要自动改变运动方向，即自动往返。工作台自动往返工作示意图如图 2-2-5 所示。行程开关 SQ1、SQ2 用来自动切换电动机正反转控制电路，实现工作的自动往返行程控制，其原理图如图 2-2-6 所示。

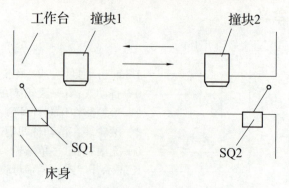

图 2-2-5　工作台自动往返工作示意图

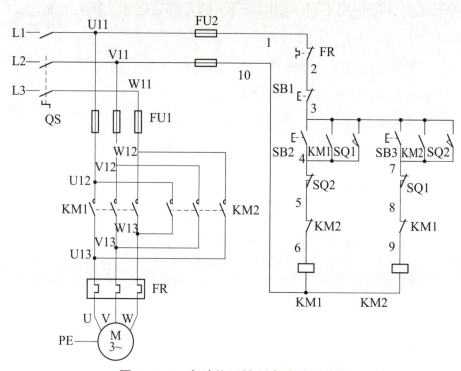

图 2-2-6　自动往返控制电路的原理图

2. 电路的工作原理

图 2-2-6 所示自动往返控制电路的工作原理介绍如下。

先合上电源开关。自动往返运动：

自动往返控制
电路

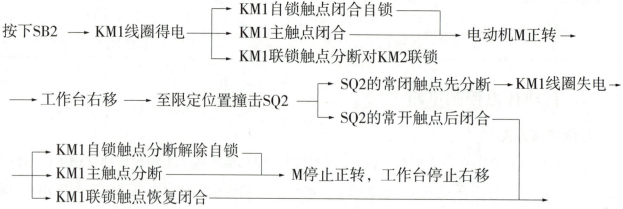

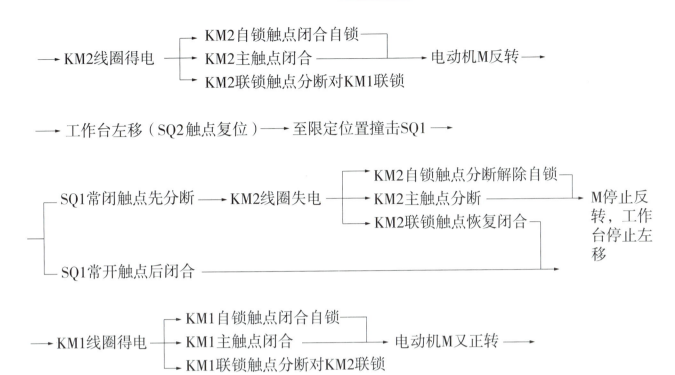

以后重复上述过程，工作台就在限定的行程内自动往返运动

停止：

按下 SB1 → 整个控制电路失电 → KM1（或KM2）主触点分断 → 电动机M失电停转

操作模块

1. 安全教育

学习电气实训室安全管理规范，增强安全意识。

2. 识读电路图

识读电路图 2-2-6，明确电路所用元器件及其作用，熟悉其工作原理。按照图 2-2-6 所示配齐所需元器件，也可参照表 2-2-2 器具清单配齐所需材料。

经查阅《电工手册》等相关资料和相关计算，自动往返控制电路的器具清单如表 2-2-2 所示。

表 2-2-2　器具清单

序号	名称	型号	规格	数量
1	三相异步电动机 M	Y2-100L-4	3 kW、380 V、6.7 A、1 430 r/min	1
2	低压断路器	DZ47s-D63	三极、400 V	1
3	熔断器 FU1	RT18-32	500 V、配熔体 25 A	3
	熔断器 FU2	RT18-32	500 V、配熔体 2 A	2

续表

序号	名称	型号	规格	数量
4	交流接触器 / F4 交流接触器辅助触点	CJX2–2510、F4–22	25 A、线圈额定电压 380 V	2
5	热继电器 FR	JR36–20/3	三极、20 A、整定电流 6.7 A	1
6	按钮 SB1~SB3	LA4–3H	保护式、按钮数 3	1
7	行程开关 SQ1、SQ2	LX19–001	单轮防护式	2
8	端子排	TB–1512/1510	15 A、12 节、600 V/15 A、10 节、600 V	4
9	针型冷压端子	1508、1008、7508		若干
10	线槽		25 mm × 25 mm	若干
11	导线（主电路）	BVR	1.5 mm^2	若干
12	导线（控制电路）	BVR	1 mm^2	若干
13	导线（接地线）	BVR	1.5 mm^2（黄绿双色）	若干
14	导线（按钮）	BVR	0.75 mm^2	若干
15			配电板 1 块，紧固螺丝与编码套管若干	
16	工具		测电笔、螺丝刀、尖嘴钳、斜口钳、剥线钳、压线钳等	
17	仪表		兆欧表、钳形电流表、万用表	

3. 检测元器件

根据电路图或器具清单配齐元器件，并进行必要的检测。

学生协作按照所学方法对电源开关、熔断器、交流接触器、按钮和热继电器进行检测，按要求调节热继电器的整定值，并填写元器件检测记录表 2–2–3。

学生按照下列检测步骤对所配备的行程开关进行检测，并填写元器件检测记录表 2–2–3。

1）外观检测。检查行程开关外观是否完好。

2）手动检测。按动行程开关的顶杆，看动作是否灵活，并观察行程开关的触点，尝试区分常开和常闭触点。

3）万用表检测。用万用表检查行程开关的常开和常闭触点工作是否正常。

①常闭触点的检测。将万用表拨到蜂鸣挡，将红、黑两表笔分别放在行程开关一对触点的两接线端，万用表发出蜂鸣声，如图 2–2–7（a）所示；按下顶杆时，万用表显示".0L"，如图 2–2–7（b）所示，说明此对触点为常闭触点。

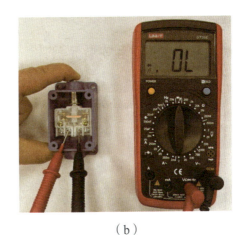

（a）　　　　　　　　　　　（b）

图 2-2-7　行程开关常闭触点的检测

②常开触点的检测。万用表挡位不变，将红、黑两表笔分别放在行程开关的另一对触点的两接线端，万用表显示"·0L"，如图 2-2-8（a）所示；按下顶杆时，若万用表显示由"·0L"变为发出蜂鸣声，如图 2-2-8（b）所示，说明此对触点为常开触点。

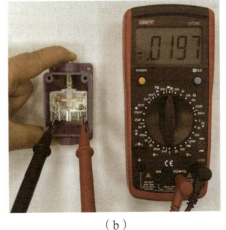

（a）　　　　　　　　　　　（b）

图 2-2-8　行程开关常开触点的检测

LX19-001 型
行程开关检测

表 2-2-3　元器件检测记录表

序号	名称	型号	数量	电源开关触点电阻		交流接触器			按钮		热继电器			熔断器	行程开关	
				分闸时触点接触电阻	合闸时触点接触电阻	线圈电阻	主触点	常闭触点	常开触点	常闭触点	常开触点	热元件	常闭触点	常开触点	整定值	阻值	常闭触点	常开触点
1	断路器																
2	熔断器																
3	交流接触器																
4	按钮																
5	热继电器																
6	行程开关																

4.安装与接线

（1）绘制元器件布置图和安装元器件

根据图 2-2-9 元器件布置图安装元器件。在控制板上进行元器件的布置与安装时，各元器件的安装位置应整齐、匀称、间距合理，便于元器件的更换。线槽距元器件的间距应合理，便于接线。紧固各元器件时要用力均匀。在紧固熔断器、交流接触器等易碎元器件时，应用手按住元器件，逐渐旋紧螺钉。

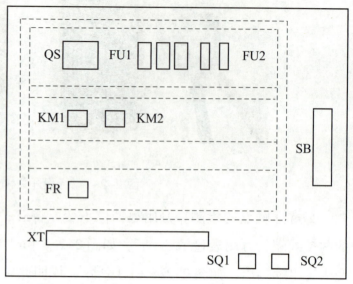

图 2-2-9　自动往返控制电路的元器件布置图

（2）绘制电气安装接线图

自动往返控制电路的电气安装接线图与按钮、接触器双重联锁控制电路总体布局基本相同，只需把两个按钮的常闭触点换成行程开关的常闭触点即可。学生在图 2-2-10 电气安装接线图中自行连线。

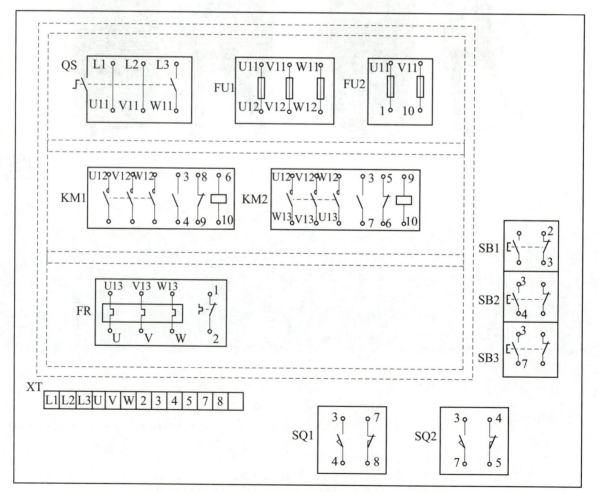

图 2-2-10　自动往返控制电路的电气安装接线图

（3）布线

根据电气安装接线图 2-2-10 按照板前线槽布线工艺要求布线，同时剥去绝缘层两端的线头，压接冷压端子，套上与电路图相一致线号的编码套管。对螺旋式熔断器接线时应注意，电源进线接在瓷质底座的下接线端，负载线接在金属螺纹壳相连的上接线端。

板前线槽配线的工艺要求如下：

1）所有导线的截面积等于或大于 0.5 mm² 时，必须采用软线。考虑机械强度的原因，所用导线的最小截面积在控制箱外为 1 mm²，在控制箱内为 0.75 mm²。但对控制箱内通过很小电流的电路连线，如电子逻辑电路，可用 0.2 mm²，并且可以采用硬线，但只能用于不移动又无振动的场合。

2）布线时，严禁损伤线芯和导线绝缘层。

3）各元器件接线端子引出导线的走向以元件的水平中心线为界限。在水平中心线以上接线端子引出的导线，必须进入元件上面的走线槽；在水平中心线以下接线端子引出的导线，必须进入元件下面的走线槽。任何导线都不允许从水平方向进入走线槽内。

4）各元器件接线端子上引出或引入的导线，除间距很小或元件机械强度很差时允许直接架空敷设外，其他导线必须经过走线槽进行连接。

5）进入走线槽内的导线要完全置于走线槽内，并应尽可能避免交叉，装线不要超过其容量的 70%，以便于能盖上线槽盖和以后的装配及维修。

6）各元器件与走线槽之间的外露导线，应合理走线，并尽可能做到横平竖直，垂直变换走向。同一个元件上位置一致的端子和同型号元器件中位置一致的端子上引出或引入的导线，要敷设在同一平面上，并应做到高低一致或前后一致，不得交叉。

7）所有接线端子、导线线头上都应套有与电路图上相应连接点线号一致的编码套管，并按线号进行连接，连接必须牢固，不得松动。

8）在任何情况下，接线端子都必须与导线截面积和材料性质相适应。当接线端子不适合连接软线或不适合连接较小截面积的软线时，可以在导线端头穿上针形或叉形端子并压紧。

9）一般一个接线端子只能连接一根导线，如果采用专门设计的端子，可以连接两根或多根导线，但导线的连接方式必须是公认的、在工艺上成熟的，如夹紧、压接、焊接、绕接等，并应严格按照连接工艺的工序要求进行。

（4）检查布线

根据图 2-2-6 所示电路图，检查布线是否有漏接、错位接线的情况。

（5）安装电动机

先连接电动机和所有元器件金属外壳的保护接地线，再连接电源、电动机等控制板外部的导线。

自动往返控制
电路检测

5. 测试

（1）不通电测试

在不接通电的情况下，学生用万用表根据下列测量方法对电路进行检测。

1）按电路图或电气安装接线图从电源端开始，逐段核对接线及接线端子处线号是否正确，有无漏接、错接之处。检查导线接点是否符合要求，压接是否牢固。同时注意接点接触应良好，以避免带负载运转时产生闪弧现象。

2）用万用表检查电路的通断情况。检查时，应选用量程适当的电阻挡。

①主电路的接线检测。

断开控制电路，再检查主电路有无开路或短路现象。首先将电源开关闭合，按下交流接触器 KM1 的衔铁，将万用表的两表笔分别搭在 L1 和 L2、L1 和 L3、L2 和 L3 之间，万用表应显示".0L"，万用表不动，松开交流接触器 KM1，再按下 KM2 的衔铁，万用表仍显示".0L"；将万用表两表笔分别搭在 L1 和 U、L2 和 V、L3 和 W 两端，按下交流接触器 KM1 的衔铁，用万用表测得各相电阻值若近似相等，则表明电路已通。然后再将万用表两表笔分别搭在 L1 和 W、L2 和 V、L3 和 U 两端，按下交流接触器 KM2 的衔铁，用万用表测得各相电阻值若近似相等，则表明电路已通。然后把测试结果填入表 2-2-4 中。

②控制电路的接线检测（断开主电路）。

检查 KM1 支路通断：将万用表两表笔分别搭在 U11 和 V11 两线端，按下起动按钮 SB2 或将交流接触器 KM1 的常开触点闭合或者将行程开关 SQ1 的常开触点闭合，万用表读数应为交流接触器 KM1 线圈的直流电阻值。松开 SB2、KM1 衔铁或 SQ1，万用表应显示".0L"。

检查 KM2 支路通断：将万用表两表笔分别搭在 U11 和 V11 两线端，按下起动按钮 SB3 或将交流接触器 KM2 的常开触点闭合或者将行程开关 SQ2 的常开触点闭合，万用表读数应为交流接触器 KM2 线圈的直流电阻值。松开 SB3、KM2 衔铁或 SQ2，万用表应显示".0L"。

检查联锁功能：将万用表两表笔分别搭在 U11 和 V11 两线端，依次压下交流接触器 KM1 和 KM2 的衔铁，万用表应先显示交流接触器 KM1 的直流电阻值再显示".0L"；松开交流接触器的衔铁，依次触碰行程开关 SQ1 和 SQ2，万用表应先显示交流接触器 KM1 的直流电阻值再显示".0L"。

检查停止控制功能：将万用表两表笔分别搭在 U11 和 V11 两线端，按住 SB2 或 SB3 再按下 SB1，万用表显示".0L"，然后把测试结果填入表 2-2-4 中。

表 2-2-4　自动往返控制电路的不通电测试记录

操作步骤	主电路						控制电路			
	合上电源开关，压下 KM1 衔铁			合上电源开关，压下 KM2 衔铁			KM1 支路通断	KM2 支路通断	联锁功能	停止控制功能
测试位置	L1—U	L2—V	L3—W	L1—W	L2—V	L3—U	U11—V11	U11—V11	U11—V11	U11—V11
电阻值										

（2）通电测试

在使用万用表检测后，接入电源进行通电测试。通电前，确保电路测量充分，做到应检尽检，在教师的监护下按照下列要求通电。

1）为保证人身安全，在通电试车时，要认真执行安全操作规程的有关规定，一人监护，一人操作。试车前，应检查与通电试车有关的电气设备是否有不安全的因素存在，若查出，应立即整改，然后方能试车。

2）通电试车前，必须征得教师的同意，并由指导教师接通三相电源 L1、L2、L3，同时在现场监护。学生合上电源开关后，用测电笔检查熔断器出线端，如果氖管亮，说明电源接通。按照表 2-2-5 的操作步骤操作，观察交流接触器情况是否正常，是否符合电路功能要求，元器件的动作是否灵活，有无卡阻及噪声过大等现象，电动机运行情况是否正常等。但不得对电路接线是否正确进行带电检查。观察过程中，若发现有异常现象，应立即停车。当电动机运转平稳后，用钳形电流表测量三相电流是否平衡。按照顺序测试电路各项功能，并将测试结果填入表 2-2-5 中。

自动往返控制
电路通电试车

表 2-2-5 自动往返控制电路的通电测试记录

操作步骤	合上电源开关	按下 SB2	碰触 SQ2	碰触 SQ1	按下 SB1	按下 SB3	按下 SB1
电动机动作或交流接触器吸合情况							

3）通电试车完毕后，停转，切断电源。先拆除三相电源线，再拆除电动机线。

6. 故障排除

出现故障后，学生按照故障检修步骤和方法检修电路。若不能检查出故障，小组成员可互帮互助检查电路，也可在教师的指导下进行检修。若需带电检查时，教师必须在现场监护。检修完毕后，如需要再次试车，教师也应该在现场监护，并填好检修记录单表 2-2-6。

表 2-2-6 自动往返控制电路检修记录单

序号	设备编号	设备名称	故障现象	故障原因	排除方法	所需材料	维修日期

 操作评价

教师对学生的课堂表现及电路完成的结果进行指标性评价，并填写表 2-2-7。

表 2-2-7　自动往返控制电路评价表

评价项目	评价内容	配分	评价标准	扣分
课堂表现	课堂学习参与度	10	不听课、不互动、不参与、不操作，酌情扣分	
	团结协作意识	5	不积极参与小组成员分工协作，酌情扣分	
	语言表达能力	5	不积极参与小组讨论，不能积极地回答问题，酌情扣分	
安装接线	布线图绘制	5	不能完整正确绘制主电路和控制电路，每错一处扣 1 分	
	元器件选择与检测	5	（1）元器件选错，扣 3 分 （2）元器件漏检或错检，每处扣 2 分	
	元器件安装	5	元器件安装不符合要求，不按元器件布置图安装，元器件安装不牢固，元器件安装不整齐、不匀称、不合理，损坏元件，每处扣 2 分	
	布线工艺	15	（1）严禁损伤线芯和导线绝缘层，接线端子上不能漏铜过长，若有不符，每处扣 5 分 （2）每个接线端子上连接的导线根数一般不超过两根，并保证不能压绝缘皮，若有不符，每处扣 3 分 （3）主电路、控制电路、按钮和接地线按要求用软线，若有不符，每错用一根扣 1 分 （4）主电路、控制电路的导线要通过线槽走线，若有不符，每处扣 2 分 （5）线槽内导线不过长、不过紧，导线只能上下进出线槽，若有不符，每处扣 2 分 （6）导线必须规范使用接线端子，若有不符，每处扣 1 分 （7）电源、电动机和控制电路引线在接线端子排上按序分布，若有不符，每错一根扣 1 分 （8）编码套管套装不正确，每处扣 1 分 （9）漏接接地线，扣 3 分	
	整体布局	5	（1）面板线路应合理汇集成线束，若有不符，每处扣 1 分 （2）进出线应合理汇集在端子排上，若有不符，每处扣 1 分 （3）整体走线应合理美观，若有不符，每处扣 1 分	
功能测试	不通电检测	10	（1）有故障查不出，扣 10 分 （2）有故障，查出故障但不能排除，扣 5 分	
	电路功能测试（加电试车）	20	（1）热继电器未整定或整定错误，扣 2 分 （2）按下 SB2，电动机不能实现连续正转，扣 5 分 （3）碰触 SQ2，电动机不连续反转，扣 5 分 （4）按下 SB3，电动机不能实现连续反转，扣 5 分 （5）碰触 SQ1，电动机不连续正转，扣 5 分 （6）电动机不能正常停止，扣 3 分	

续表

评价项目	评价内容	配分	评价标准	扣分
安全文明操作	安全文明操作（满足评价标准的五条规定得15分，有一条不满足则不得分）	15	（1）操作结束后整理现场 （2）穿工作服和绝缘鞋操作 （3）通电试车时，不能跳断路器、烧熔断器和电机等器件 （4）通电试车时，安装板上不乱放工具、导线等 （5）通电试车结束后切断电源	
备注	通电试车前需测试控制电路是否存在短路现象，若存在短路现象则不许通电试车。若发生重大安全事故，总分为0分。若在规定的时间内没有完成电路，总分为0分。			

拓展教学

在生产实际中，有些生产机械（如磨床）的工作台要求在一定行程内自动往返运动，为防止行程开关失灵，工作台越过限定位置而造成事故，会在控制电路中设置四个行程开关SQ1、SQ2、SQ3和SQ4，并把它们安装在工作台需限位的地方。其中SQ1、SQ2用来自动换接电动机正反转控制电路，实现工作台的自动往返；SQ3和SQ4用作终端保护。其控制电路如图2-2-11所示。在工作台边的T形槽中装有两块挡铁，挡铁1只能和SQ1、SQ3相碰撞，挡铁2只能和SQ2、SQ4相碰撞。当工作台运动到所限位置时，挡铁碰撞行程开关，使其触点动作，自动换接电动机正反转控制电路，通过机械传动机构使工作台自动往返运动。工作台行程可通过移动挡铁位置来调节，拉开两块挡铁间的距离，行程变短，反之则变长。

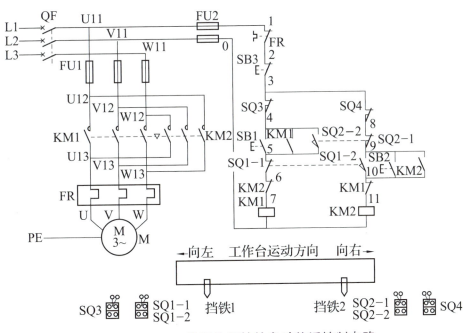

图2-2-11　带限位保护的自动往返控制电路

知识测评

1. 如图 2-2-12 所示为工作台自动往返行程控制电路的主电路，请补画出控制电路，并说明四个行程开关的作用。

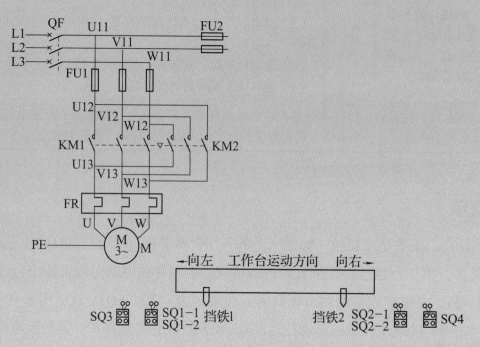

图 2-2-12　题 1 用图

2. 如图 2-2-13 所示，试回答下列问题：

（1）该电路的功能是_____。

（2）热继电器的常闭触点应串在 A、B、C 三点处的何处？

（3）电路中会用到哪些保护？分别由哪些器件实现？

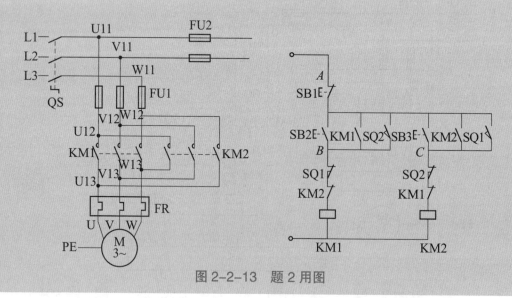

图 2-2-13　题 2 用图

子模块 三相异步电动机顺序控制电路的安装与调试

学习目标

1. 素养目标

（1）通过学习安全操作规范，增强安全意识。

（2）通过优化电路，养成勇于创新、节约资源的习惯。

（3）通过小组合作学习，提升团队协作能力。

2. 知识目标

（1）能正确识别三相异步电动机顺序控制电路的种类。

（2）能正确分析三相异步电动机顺序控制电路的原理。

（3）能绘制三相异步电动机顺序控制电路的原理图、元器件布置图及电气安装接线图。

3. 技能目标

（1）学会顺序控制电路中低压电器的选用与简单检修。

（2）能按照板前线槽布线工艺要求进行顺序控制电路的安装与调试。

（3）能根据故障现象分析故障原因，按照正确的检测步骤排除故障，并完成检修记录。

知识模块

对于电路的顺序控制功能，可以通过控制电路来实现，也可以通过主电路实现顺序控制。

一、主电路实现的顺序控制电路

1. 电气原理图

图 3-1-1 是主电路实现的顺序控制电路原理图。电动机 M2 所在主电路的交流接触器 KM2

接在交流接触器 KM1 之后，只有 KM1 的主触点闭合后，KM2 才能闭合，这样就保证了 M1 起动后，M2 才能起动的顺序控制要求。

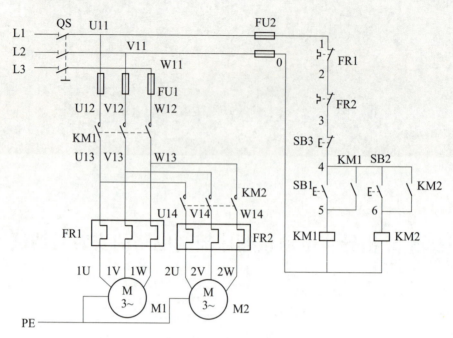

图 3-1-1　主电路实现的顺序控制电路原理图

2. 电路的工作原理

图 3-1-1 所示的主电路实现的顺序控制，其工作原理如下：

合上电源开关。

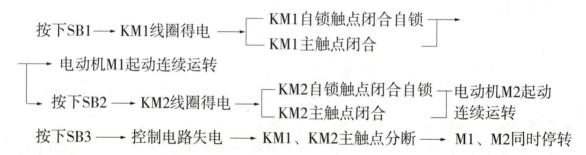

二、控制电路实现的顺序控制

图 3-1-2（a）是控制电路实现的顺序控制电路原理图。其电路特点是：电动机 M2 的控制电路先与交流接触器 KM1 的线圈并接后再与 KM1 的自锁触点串接，这样就保证了 M1 起动后，M2 才能起动的顺序控制要求。其工作原理与图 3-1-1 所示电路的工作原理相同。

图 3-1-2（b）所示的电路中，其电路特点是：在电动机 M2 的控制电路中，串联了交流接触器 KM1 的辅助常开触点。显然，只要 M1 不起动，即使按下 SB4，由于 KM1 的辅助常开触点未闭合，KM2 线圈也不能得电，从而保证了 M1 起动，M2 才能起动的控制要求。SB1 控制两台电动机的同时停止，SB3 控制 M2 的单独停止。

图 3-1-2（c）所示电路，在电动机 M2 的控制电路中，串联了交流接触器 KM1 的辅助常

开触点。SB1 的两端并联了交流接触器 KM2 的辅助常开触点，从而实现了 M1 起动后 M2 才能
起动，M2 停止后 M1 才能停止的控制要求，即 M1、M2 是顺序起动，逆序停止的。

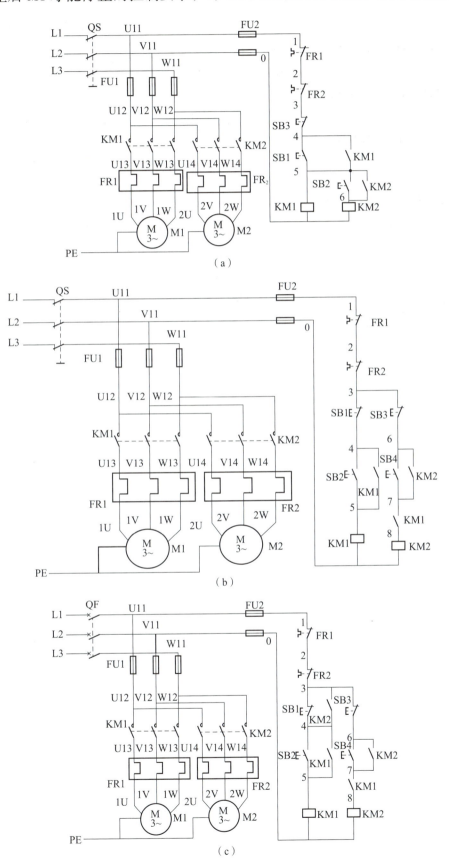

图 3-1-2　控制电路实现的顺序控制电路原理图

图 3-1-2（c）所示电路的工作原理如下所示：

合上电源开关。

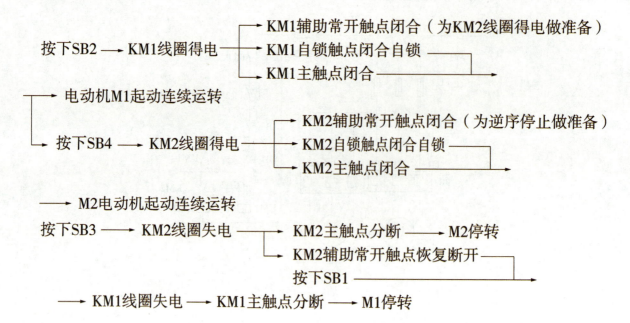

按下SB2 → KM1线圈得电 → KM1辅助常开触点闭合（为KM2线圈得电做准备）

KM1自锁触点闭合自锁

KM1主触点闭合

电动机M1起动连续运转

按下SB4 → KM2线圈得电 → KM2辅助常开触点闭合（为逆序停止做准备）

KM2自锁触点闭合自锁

KM2主触点闭合

M2电动机起动连续运转

按下SB3 → KM2线圈失电 → KM2主触点分断 → M2停转

KM2辅助常开触点恢复断开

按下SB1

→ KM1线圈失电 → KM1主触点分断 → M1停转

操作模块

1. 安全教育

学习电气实训室安全管理规范，增强安全意识。

2. 识读电路图

识读电路图 3-1-2（c），明确电路所用元器件及其作用，熟悉其工作原理。按照图 3-1-2（c）所示配齐所需元器件，也可参照表 3-1-1 器具清单配齐所需材料。

经查阅《电工手册》等相关资料和相关计算，顺序控制电路所需器具清单，如表 3-1-1 所示。

表 3-1-1　器具清单

序号	名称	型号	规格	数量
1	三相异步电动机 M1	Y2-100L-4	3 kW、380 V、6.7 A	1
2	三相异步电动机 M2	Y2-S-2	1.5 kW、380 V、3.4 A	1
3	电源开关 QF	DZ47s-D63	三极、400 V	1
4	熔断器 FU1	RT18-32	500 V、配熔体 25 A	3
5	熔断器 FU2	RT18-32	500 V、配熔体 2 A	2
6	交流接触器 / F4 交流接触器辅助触点	CJX2-2510、F4-22	25 A、线圈额定电压 380 V	2
7	热继电器 FR1	JR36-20/3	三极、20 A、整定电流 6.7 A	1
8	热继电器 FR2	JR36-20/3	三极、20 A、整定电流 3.4 A	1

续表

序号	名称	型号	规格	数量
9	按钮 SB1~SB4	LA4–3H	保护式、按钮数 3	2
10	端子排	TB–1512/1510	15 A、12 节、600 V/15 A、10 节、600 V	4
11	针型冷压端子	1508、1008、7508		若干
12	导线（主电路）	BVR	1.5 mm^2	若干
13	导线（控制电路）	BVR	1 mm^2	若干
14	导线（接地线）	BVR	1.5 mm^2（黄绿双色）	若干
15	导线（按钮）	BVR	0.75 mm^2	若干
16	线槽		25 mm × 25 mm	
17			配电板 1 块，紧固螺丝与编码套管若干	
18	工具		测电笔、螺丝刀、尖嘴钳、斜口钳、剥线钳、压线钳等	
19	仪表		兆欧表、钳形电流表、万用表	

3. 检测元器件

根据电路图或器具清单配齐元器件，并进行必要的检测。

学生协作按照所学方法对电源开关、熔断器、交流接触器、按钮和热继电器进行检测，按要求调节热继电器的整定值，并填写元器件检测记录表 3-1-2。

表 3-1-2   元器件检测记录表

序号	名称	型号	数量	电源开关触点电阻		交流接触器				按钮		热继电器				熔断器
				分闸时触点接触电阻	合闸时触点接触电阻	线圈电阻	主触点	常闭触点	常开触点	常闭触点	常开触点	热元件	常闭触点	常开触点	整定值	阻值
1	断路器															
2	熔断器															
3	交流接触器															
4	按钮															
5	热继电器															

4. 安装与接线

（1）绘制元器件布置图和电气安装接线图

根据图 3-1-2（c）电路图绘出三相异步电动机顺序控制电路的元器件布置图和电气安装接线图，学生在图 3-1-3 所示电气安装接线图中自行连线。在控制板上进行元器件的布置与安装时，各元器件的安装位置应整齐、匀称、间距合理，便于元器件的更换。紧固各元器件时要用力均匀。在紧固熔断器、交流接触器等易碎元器件时，应用手按住元器件，逐渐旋紧螺钉。

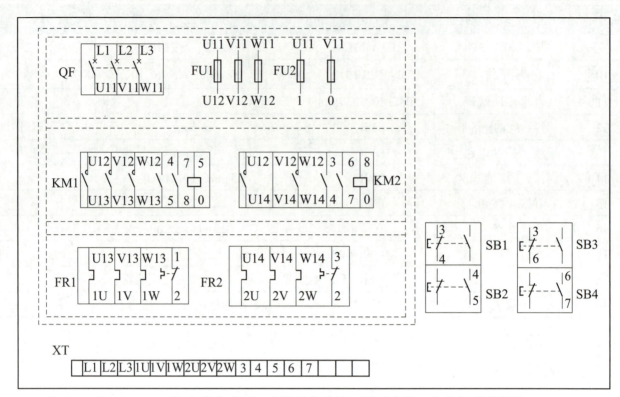

图 3-1-3　三相异步电动机顺序控制电路的元器件布置图和电气安装接线图

（2）布线

根据电气安装接线图 3-1-3 按照板前线槽布线工艺要求布线，同时剥去绝缘层两端的线头，压接冷压端子，套上与电路图相一致线号的编码套管。对螺旋式熔断器接线时应注意，电源进线接在瓷质底座的下接线端，负载线接在金属螺纹壳相连的上接线端。

（3）检查布线

根据图 3-1-2（c）所示电路图，检查布线是否有漏接、错位接线的情况。

（4）安装电动机

先连接电动机和所有元器件金属外壳的保护接地线，再连接电源、电动机等控制板外部的导线。

5. 测试

（1）不通电测试

在不接通电的情况下，学生用万用表根据下列测量方法对电路进行检测。

1）按电路图或电气安装接线图从电源端开始，逐段核对接线及接线端子处线号是否正确，有无漏接、错接之处。检查导线接点是否符合要求，压接是否牢固。同时注意接点接触应良好，以避免带负载运转时产生闪弧现象。

2）用万用表检查电路的通断情况。检查时，应选用量程适当的电阻挡。

① 主电路的接线检测。

断开控制电路，再检查主电路有无开路或短路现象。首先将电源开关闭合，按下交流接触器 KM1 的衔铁，将万用表的两表笔分别搭在 L1 和 L2、L1 和 L3、L2 和 L3 之间，万用表显示应为 ".0L"，万用表笔不动，松开交流接触器 KM1 的衔铁再压下 KM2 的衔铁，万用表仍显示 ".0L"；把万用表两表笔分别搭在 L1 和 1U、L2 和 1V、L3 和 1W 两端，按下交流接触器 KM1 的衔铁，用万用表测得各相电阻值若近似相等，则表明电路已通。然后再把万用表两表笔分别搭在 L1 和 2U、L2 和 2V、L3 和 2W 两端，按下交流接触器 KM2 的衔铁，用万用表测得各相电阻值若近似相等，则表明电路已通。然后把测试结果填入表 3-1-3 中。

②控制电路的接线检测（断开主电路）。

检查 KM1 支路通断：将万用表两表笔分别搭在 U11 和 V11 两线端，按下起动按钮 SB2 或 KM1 的衔铁，万用表读数应为交流接触器 KM1 线圈的直流电阻值。松开 SB2 或 KM1 衔铁，万用表显示 ".0L"。

检查顺序起动控制功能：将万用表两表笔分别搭在 U11 和 V11 两线端，按下交流接触器 KM1 的衔铁，使其常开触点闭合，再按下起动按钮 SB4，由于交流接触器 KM1 和 KM2 线圈回路均闭合，两者并联，因此万用表读数应为接触器的直流电阻值的一半。

检查停止控制功能：将万用表两表笔分别搭在 U11 和 V11 两线端，同时按下交流接触器 KM1 和 KM2 衔铁，使其常开触点闭合，万用表读数仍为交流接触器 KM1 和 KM2 两个线圈并联的直流电阻值的一半。松开 KM2 衔铁，按住 KM1 的衔铁，按下停止按钮 SB1，万用表显示 ".0L"。然后把测试结果填入表 3-1-3 中。

表 3-1-3 三相异步电动机顺序控制电路的不通电测试记录

操作步骤	主电路						控制电路		
	合上电源开关，压下 KM1 衔铁			合上电源开关，压下 KM2 衔铁			KM1 支路通断	顺序起动控制功能	停止控制功能
测试位置	L1—1U	L2—1V	L3—1W	L1—2U	L2—2V	L3—2W	U11—V11	U11—V11	U11—V11
电阻值									

（2）通电测试

在使用万用表检测后，接入电源进行通电测试。通电前，确保电路测量充分，做到应检尽检，在教师的监护下按照下列要求通电。

1）为保证人身安全，在通电试车时，要认真执行安全操作规程的有关规定，一人监护，一人操作。试车前，应检查与通电试车有关的电气设备是否有不安全的因素存在，若查出应立即整改，然后方能试车。

2）通电试车前，必须征得教师的同意，并由指导教师接通三相电源 L1、L2、L3，同时在现场监护。学生合上电源开关后，用测电笔检查熔断器出线端，如果氖管亮，说明电源接通。按照表 3-1-4 的操作步骤操作，观察交流接触器情况是否正常，是否符合电路功能要求，元器件的动作是否灵活，有无卡阻及噪声过大等现象，电动机运行情况是否正常等。但不得对电路接线是否正确进行带电检查。观察过程中，若发现有异常现象，应立即停车。当电动机运转平稳后，用钳形电流表测量三相电流是否平衡。按照顺序测试电路各项功能，并将测试结果填入表 3-1-4 中。

表 3-1-4　三相异步电动机顺序控制电路的通电测试记录

操作步骤	合上电源开关	按下 SB2	按下 SB4	按下 SB3	按下 SB1
电动机动作或交流接触器吸合情况					

3）通电试车完毕后，停转，切断电源。先拆除三相电源线，再拆除电动机线。

6. 故障排除

出现故障后，学生按照故障检修步骤和方法检修电路。若不能检查出故障，小组成员可互帮互助检查电路，也可在教师的指导下进行检修。若需带电检查时，教师必须在现场监护。检修完毕后，如需要再次试车，教师也应该在现场监护，并填好检修记录单表 3-1-5。

表 3-1-5　三相异步电动机顺序控制电路检修记录单

序号	设备编号	设备名称	故障现象	故障原因	排除方法	所需材料	维修日期

操作评价

教师对学生的课堂表现及电路完成的结果进行指标性评价，并填写表 3-1-6。

表 3-1-6　顺序控制电路评价表

评价项目	评价内容	配分	评价标准	扣分
课堂表现	课堂学习参与度	10	不听课、不互动、不参与、不操作，酌情扣分	
	团结协作意识	5	不积极参与小组成员分工协作，酌情扣分	
	语言表达能力	5	不积极参与小组讨论，不能积极地回答问题，酌情扣分	
安装接线	布线图绘制	5	不能完整正确绘制主电路和控制电路，每错一处扣 1 分	
	元器件选择与检测	5	（1）元器件选错，扣 3 分 （2）元器件漏检或错检，每处扣 2 分	
	元器件安装	5	元器件安装不符合要求，不按元器件布置图安装，元器件安装不牢固，元器件安装不整齐、不匀称、不合理，损坏元件，每处扣 2 分	

续表

评价项目	评价内容	配分	评价标准	扣分
安装接线	布线工艺	15	（1）严禁损伤线芯和导线绝缘层，接线端子上不能漏铜过长，若有不符，每处扣5分 （2）每个接线端子上连接的导线根数一般不超过两根，并保证不能压绝缘皮，若有不符，每处扣3分 （3）主电路、控制电路、按钮和接地线按要求用软线，每错用一根扣1分 （4）主电路、控制电路的导线要通过线槽走线，若有不符，每处扣2分 （5）线槽内导线不过长、不过紧，导线只能上下进出线槽，若有不符，每处扣2分 （6）导线必须规范使用接线端子，若有不符，每处扣1分 （7）电源、电动机和控制电路引线在接线端子排上按序分布，若有不符，每错一根扣1分 （8）编码套管套装不正确，每处扣1分 （9）漏接接地线，扣3分	
	整体布局	5	（1）面板线路应合理汇集成线束，若有不符，每处扣1分 （2）进出线应合理汇集在端子排上，若有不符，每处扣1分 （3）整体走线应合理美观，若有不符，每处扣1分	
功能测试	不通电检测	10	（1）有故障查不出，扣10分 （2）有故障，查出故障但不能排除，扣5分	
	电路功能测试 （加电试车）	20	（1）热继电器未整定或整定错误，扣2分 （2）按下SB2，M1电动机不连续正转，扣5分 （3）按下SB4，M2电动机不连续正转，扣5分 （4）按下SB3，电动机M2不能停止，扣5分 （5）按下SB1，电动机M1不能停止，扣3分	
安全文明操作	安全文明操作 （满足评价标准的五条规定得15分，有一条不满足则不得分）	15	（1）操作结束后整理现场 （2）穿工作服和绝缘鞋操作 （3）通电试车时，不能跳断路器、烧熔断器和电机等器件 （4）通电试车时，安装板上不乱放工具、导线等 （5）通电试车结束后切断电源	
备注			通电试车前需测试控制电路是否存在短路现象，若存在短路现象则不许通电试车。若发生重大安全事故，总分为0分。若在规定的时间内没有完成电路，总分为0分。	

知识测评

1. 读图 3-1-4 所示控制电路, 回答下列问题:

(1) 该电路为三相异步电动机_____控制电路;

(2) 合上开关 QF, 按下起动按钮_____, 电动机_____先得电运转; 再按下按钮_____, 电动机_____后得电运转。

(3) 该电路中具有哪些保护功能? 分别由哪些元件实现?

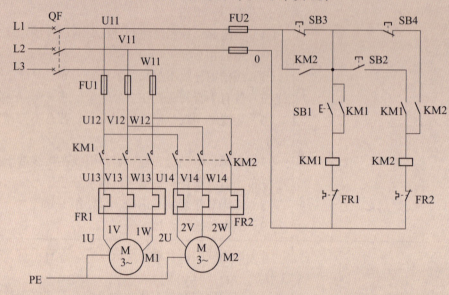

图 3-1-4 题 1 用图

2. 分析图 3-1-5 所示的电动机控制电路, 要求:

(1) 指出两台电动机 M1、M2 的起动顺序;

(2) 说明 SB3、SB4 分别实现什么功能;

(3) 指出两台电动机 M1、M2 的停车顺序。

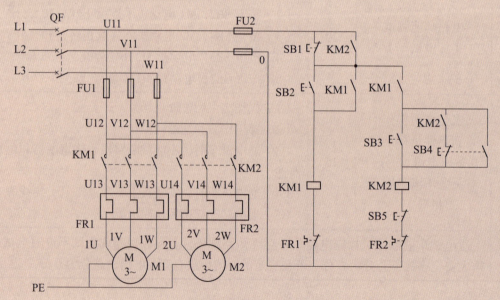

图 3-1-5 题 2 用图

三相异步电动机降压起动控制电路的安装与调试

 **子模块 1** 三相异步电动机丫–△降压起动控制电路的安装与调试

学习目标

1. 素养目标

（1）通过学习安全操作规范，增强安全意识。

（2）通过优化电路，养成勇于创新、节约资源的习惯。

（3）通过废旧导线分类收集，增强环保意识。

科学用电
绿色环保

2. 知识目标

（1）熟知时间继电器的结构、型号、含义及延时触点的动作原理、符号。

（2）能正确分析三相异步电动机丫–△降压起动的原理。

（3）能正确分析三相异步电动机丫–△降压起动控制电路的原理。

（4）能够绘制三相异步电动机丫–△降压起动控制电路的原理图、元器件布置图及电气安装接线图。

3. 技能目标

（1）学会丫–△降压起动控制电路中低压电器的选用与简单检修。

（2）能正确连接电动机接线盒丫接法和△接法的接线。

（3）能按照板前线槽布线工艺要求进行丫–△降压起动控制电路的安装与调试。

（4）能根据故障现象分析故障原因，按照正确的检测步骤排除故障，并完成检修记录。

知识模块

一、时间继电器

时间继电器是利用电磁原理或机械动作原理实现触点延时闭合或延时断开的自动控制电

器。常用的时间继电器主要有电磁式、电动式、空气阻尼式、晶体管式等，其外形如图4-1-1所示。它广泛应用于需要按时间顺序进行控制的电气控制电路中。

图4-1-1　时间继电器的外形

时间继电器按动作原理可分为电磁式、空气阻尼式、电动式和电子式；按延时方式可分为通电延时和断电延时两种。

通常时间继电器上有好几组辅助触点，即瞬动触点、通电延时触点、断电延时触点。

瞬动触点是指当时间继电器的感测机构接收到外界动作信号后，该触点立即动作（与接触器一样）。

通电延时触点是指当接收输入信号（例如线圈通电）后，要经过一定时间（延时时间）该触点才动作。时间继电器断电后，延时触点立即复位。

断电延时触点则在线圈断电后要经过一定时间才动作。时间继电器通电时，延时触点立即动作；断电后，延时时间到达设定时间时，延时触点才复位。

时间继电器线圈和触点的图形符号如图4-1-2所示。

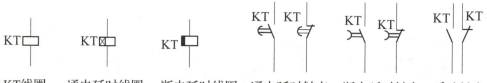

KT线圈　　通电延时线圈　　断电延时线圈　　通电延时触点　　断电延时触点　　瞬动触点

图4-1-2　时间继电器的图形符号

下面以JS7-A系列空气阻尼式和JSZ3系列时间继电器为例进行介绍。

1. 空气阻尼式时间继电器（JS7-A系列）

（1）结构与原理

空气阻尼式时间继电器又称气囊式时间继电器。它主要由电磁系统、触点系统（包括瞬动触点和延时触点）、延时机构三部分组成，如图4-1-3所示。其电磁系统与交流接触器的电磁系统相仿，由电磁线圈、E字形静铁芯和衔铁、反作用弹簧和弹簧片组成。

空气阻尼式时间继电器的动作原理为：当电磁系统的线圈通电（或断电）后，其瞬动触点立即动作，延时触点是利用气囊中的空气通过小孔

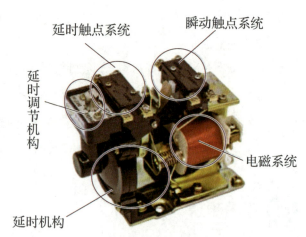

图4-1-3　空气阻尼式时间继电器的结构

节流的原理来获得延时动作的。故空气阻尼式时间继电器根据触点延时的特点可分为通电延时动作与断电延时动作两种。

JS7-A 系列断电延时型和通电延时型时间继电器的组成元件是通用的。通电延时型时间继电器的电磁机构旋出固定螺钉后反转180°安装则为断电延时型时间继电器，如图4-1-4所示。

（a） （b）

图 4-1-4 通电型、断电型延时时间继电器

（a）通电型；（b）断电型

（2）型号及含义

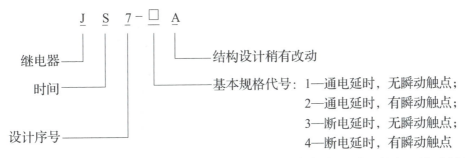

继电器
时间
设计序号

结构设计稍有改动

基本规格代号：1—通电延时，无瞬动触点；
　　　　　　　2—通电延时，有瞬动触点；
　　　　　　　3—断电延时，无瞬动触点；
　　　　　　　4—断电延时，有瞬动触点

空气阻尼式时间继电器延时时间长，价格低廉，整定方便，主要用于延时精度要求不高的场合。

2. 电子式时间继电器（JSZ3 系列）

电子式时间继电器也称为晶体管式时间继电器或半导体式时间继电器。JSZ3 系列时间继电器具有体积小、质量轻、结构紧凑、延时范围广、延时精度高、可靠性好、寿命长等特点，适用于机床自动控制、成套设备自动控制等要求精度高、可靠性高的自动控制系统作延时控制元件。

（1）型号含义

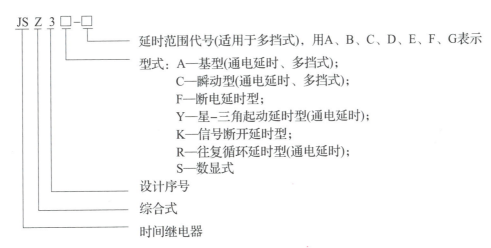

延时范围代号(适用于多挡式)，用A、B、C、D、E、F、G表示
型式：A—基型(通电延时、多挡式)；
　　　C—瞬动型(通电延时、多挡式)；
　　　F—断电延时型；
　　　Y—星-三角起动延时型(通电延时)；
　　　K—信号断开延时型；
　　　R—往复循环延时型(通电延时)；
　　　S—数显式
设计序号
综合式
时间继电器

（2）主要技术参数

JSZ3 系列的时间继电器主要技术参数如表 4-1-1 所示。

表 4-1-1　JSZ3 系列的时间继电器主要技术参数

型号	JSZ3A	JSZ3C	JSZ3F	JSZ3K	JSZ3Y	JSZ3R
工作方式	通电延时	通电延时带瞬动触点	断电延时	信号断开延时	星-三角起动延时	往复循环延时
延时范围	A：0.05~0.5 s/5 s/30 s/3 min B：0.1~1 s/10 s/60 s/6 min C：0.5~5 s/50 s/5 min/30 min D：1~10 s/100 s/10 min/60 min E：5~60 s/10 min/60 min/6 h F：0.25~2 min/20 min/2 h/12 h G：0.5~4 min/40 min/4 h/24 h		0.1~1 s 0.5~5 s 1~10 s 2.5~30 s 5~60 s 10~120 s 15~180 s	0.1~1 s 0.5~5 s 1~10 s 2.5~30 s 5~60 s 10~120 s 15~180 s	0.1~1 s 0.5~5 s 1~10 s 2.5~30 s 5~60 s 10~120 s 15~180 s	0.5~6 s/60 s 1~10 s/10 min 2.5~30 s/30 min 5~60 s/60 min
设定方式	电位器					
工作电压	AC 50 Hz，36 V，110 V 127 V，220 V，380 V DC 24 V		AC 50 Hz，36 V 110 V，127 V 220 V，380 V DC 24 V	AC 50 Hz，110 V 220 V，380 V DC 24 V	AC 50 Hz，110 V 220 V，380 V DC 24 V	AC 50 Hz，110 V 220 V，380 V DC 24 V
延时精度	≤ 10%		≤ 10%	≤ 10%	≤ 10%	≤ 10%
触点数量	延时 2 转换，延时 1 转换，瞬动 1 转换		延时 1 转换或延时 2 转换	延时 1 转换	延时星-三角 1 转换	延时 1 转换
安装方式	面板式、装置式、导轨式					

3. 时间继电器的选用

（1）延时方式的选用

根据控制电路的需要选择通电延时型或断电延时型，瞬时动作触点的数目也要满足要求。

（2）类型的选用

对延时精度要求不高的场合，可选用空气阻尼式；对延时精度要求较高的场合，一般可选用晶体管式。

（3）工作电压的选用

根据控制电路电压选择吸引线圈或工作电源的电压。

二、丫-△降压起动控制电路

降压起动是指起动时将电压适当降低后，加到电动机的定子绕组上进行起动，待电动机起动结束后，再使其电压恢复到额定电压正常运转。

常用的降压起动有丫-△降压起动、串电阻（电抗）降压起动、自耦变压器（补偿器）降压起动和软起动器起动。

1. 丫-△降压起动原理

使用丫-△降压起动时，先把定子三相绕组作丫连接，待电动机转速升高到一定值后再改接成△连接。因此这种降压起动方法只能用于正常运行时作△连接的电动机上，其原理图如图4-1-5所示。起动时将丫-△转换开关QS2的手柄置于起动位，则电动机三相定子绕组的末端U2、V2、W2连成一个公共点，三相电源L1、L2、L3经开关QS1向电动机三相定子绕组的首端U1、V1、W1供电，电动机以丫连接起动。加在每相定子绕组上的电压为电源线电压的$\frac{1}{\sqrt{3}}$，因此起动电流较小。待电动机起动即将结束时，再把开关QS2手柄转到运行位，电动机三相定子绕组接成△连接，这时加在电动机每相定子绕组上的电压即为线电压，电动机正常运行。

用丫-△降压起动时，起动电流为直接采用△连接时起动电流的1/3，所以对降低起动电流很有效，但起动转矩也只有用△连接直接起动时的1/3，即起动转矩降低很多，故只能用于轻载或空载起动的设备。

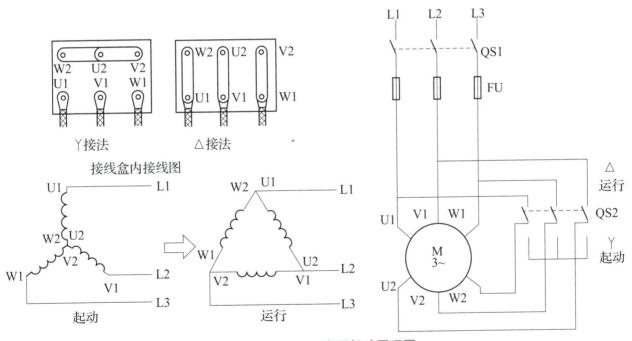

图 4-1-5 丫-△降压起动原理图

2. 电气原理图

三相异步电动机丫-△降压起动控制电路图如图4-1-6所示。

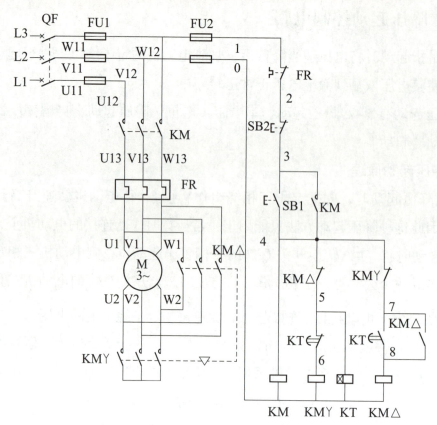

图 4-1-6   三相异步电动机丫-△降压起动控制电路原理图

3. 电路的工作原理

图 4-1-6 所示三相异步电动机丫-△降压起动控制电路的工作原理如下：
合上电源开关 QF。

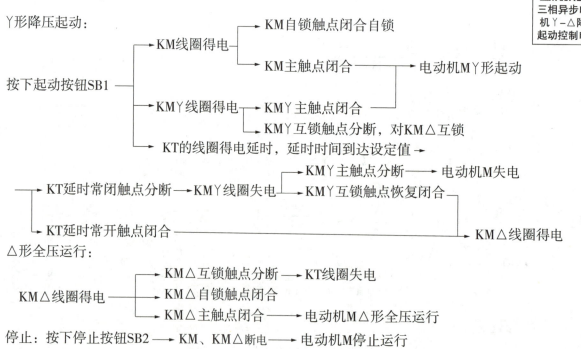

操作模块

1. 安全教育

学习电气实训室安全管理规范，增强安全意识。

2. 识读电路图

识读电路图 4-1-6，明确电路所用元器件及其作用，熟悉其工作原理。按照图 4-1-6 所示配齐所需元器件，也可参照表 4-1-2 器具清单配齐所需材料。

经查阅《电工手册》等相关资料和相关计算，三相异步电动机 Y-△降压起动控制电路的器具清单如表 4-1-2 所示。

表 4-1-2　器具清单

序号	名称	型号	规格	数量
1	三相异步电动机 M	Y2-112M-4	4 kW、380 V、8.8 A	1
2	断路器 QF	DZ47s-D63	三极、400 V	1
3	熔断器 FU1	RT18-32	500 V、配熔体 25 A	3
4	熔断器 FU2	RT18-32	500 V、配熔体 2 A	2
5	交流接触器 / F4 交流接触器辅助触点	CJX2-2510、F4-22	380 V、25 A	2
6	热继电器 FR	JR36-20/3	三极、20 A、整定电流 8.8 A	1
7	按钮 SB1、SB2	LA4-3H	保护式、按钮数 3	1
8	时间继电器（带底座）	JSZ3	380 V	1
9	端子排	TB-1512/1510	15 A、12 节、600 V/15 A、10 节、600 V	3
10	针型冷压端子	1508、1008、7508		若干
11	线槽		25 mm × 25 mm	若干
12	导线	BVR	0.75 mm²、1.0 mm²、1.5 mm²	若干
13			配电板 1 块，紧固螺丝与编码套管若干	
14	工具		测电笔、螺丝刀、尖嘴钳、斜口钳、剥线钳、压线钳等	
15	仪表		兆欧表、钳形电流表、万用表	

3. 检测元器件

根据电路图或器具清单配齐元器件，并进行必要的检测。

学生协作按照所学方法对电源开关、熔断器、交流接触器、按钮、热继电器进行检测，按要求调节时间继电器的延时时间和热继电器的整定值，并填写元器件检测记录表 4-1-3。

学生按照下列检测步骤对所配备的时间继电器进行检测，并填写元器件检测记录表 4-1-3。

（1）时间继电器的检测

延时触点检测：将万用表拨到蜂鸣挡，将其红、黑两表笔分别放在5—8（或1—4）接线端，万用表发出蜂鸣声，如图4-1-7（a）所示；将万用表的红、黑两表笔分别放在6—8（或1—3）接线端，万用表显示".0L"，如图4-1-7（b）所示，说明延时闭合的常闭触点和延时断开的常开触点完好。

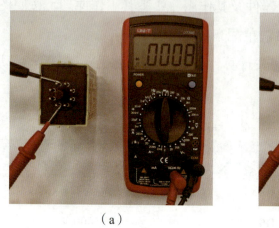
（a）

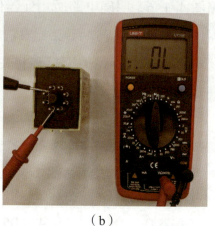
（b）

图4-1-7　时间继电器触点的检测

表4-1-3　元器件检测记录表

序号	名称	型号	数量	电源开关触点电关阻		交流接触器				按钮		热继电器				时间继电器			熔断器
				分闸时触点接触电阻	合闸时触点接触电阻	线圈电阻	主触点	常闭触点	常开触点	常闭触点	常开触点	热元件	常闭触点	常开触点	整定值	延时常开触点	延时常闭触点	延时时间	阻值
1	断路器																		
2	熔断器																		
3	交流接触器																		
4	按钮																		
5	热继电器																		
6	时间继电器																		

（2）延时时间范围设置

时间继电器的延时时间设置步骤如图4-1-8所示。

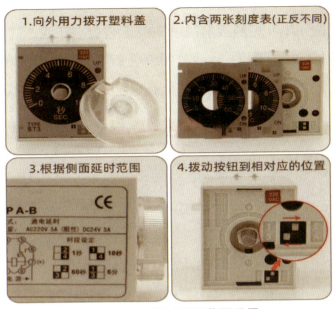

图 4-1-8 延时时间范围设置

4. 安装与接线

（1）绘制元器件布置图和电气安装接线图

根据图 4-1-6 绘出三相异步电动机丫-△降压起动控制电路的元器件布置图和电气安装接线图，学生在图 4-1-9 电气安装接线图中自行连线，并根据元器件布置图安装元器件。在控制板上进行元器件的布置与安装时，各元器件的安装位置应整齐、匀称、间距合理，便于元器件的更换。紧固各元器件时要用力均匀。在紧固熔断器、交流接触器等易碎元器件时，应用手按住元器件，逐渐旋紧螺钉。

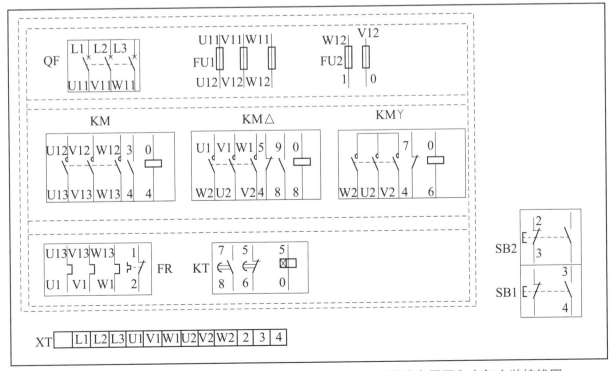

图 4-1-9 三相异步电动机丫-△降压起动控制电路的元器件布置图和电气安装接线图

（2）布线

根据电气安装接线图 4-1-9 按照板前线槽布线工艺要求布线，同时剥去绝缘层两端的线头，压接冷压端子，套上与电路图相一致线号的编码套管。对螺旋式熔断器接线时应注意，电源进线接在瓷质底座的下接线端，负载线接在金属螺纹壳相连的上接线端。

时间继电器的接线方式如图 4-1-10 所示。

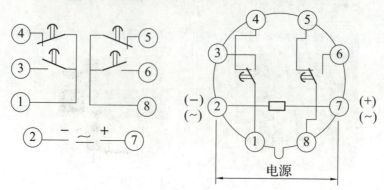

图 4-1-10　JSZ3A 时间继电器接线方式

（3）检查布线

根据图 4-1-6 所示电路图，检查布线是否有漏接、错位接线的情况。

（4）安装电动机

先连接电动机和所有元器件金属外壳的保护接地线，再连接电源、电动机等控制板外部的导线。

5. 测试

（1）不通电测试

在不接通通电的情况下，学生用万用表根据下列测量方法对电路进行检测。

三相异步电动机
Y-△降压起动控
制电路检测

1）按电路图或电气安装接线图从电源端开始，逐段核对接线及接线端子处线号是否正确，有无漏接、错接之处。检查导线接点是否符合要求，压接是否牢固。同时注意接点接触应良好，以避免带负载运转时产生闪弧现象。

2）用万用表检查电路的通断情况。检查时，应选用量程适当的电阻挡。

①主电路接线检测。

断开控制电路，先按照之前介绍的方法检查主电路有无短路现象，再检查主电路的通断情境。首先将 QF 闭合，将万用表的两表笔分别搭在 L1 和 U1、L2 和 V1、L3 和 W1 之间，按下交流接触器 KM 和 KMY 衔铁，用万用表测量相电阻，若阻值基本相等，则表明电路已通；将万用表的两表笔分别搭在 L1 和 W2、L2 和 U2、L3 和 V2 之间，按下交流接触器 KM 和 KM△ 衔铁，用万用表测得各相电阻值若近似相等，则表明电路已通。然后把测试结果填入表 4-1-4 中。

②控制电路接线检测（断开主电路）。

将万用表两表笔分别搭在 W11、V11 触点线端上，万用表应显示 ".OL"。按下按钮 SB1 或交流接触器 KM 衔铁时，万用表读数应为 KM、KMY 和 KT 的线圈并联的直流电阻值；同时按下 SB1 和 KM△ 衔铁，万用表读数应为 KM 和 KM△ 线圈并联的直流电阻值，再按下交流接触器 KM丫，万用表显示 KM 线圈的直流电阻值。按住 SB1 再按下 SB2，万用表显示".0L"。然后把测试结果填入表 4-1-4 中。

3）检查熔体规格是否符合要求；按要求调节热继电器的整定值和时间继电器的延时值。

表 4-1-4　三相异步电动机丫-△降压起动控制电路的不通电测试记录

操作步骤	主电路						控制电路		
	合上电源开关，压下 KM 和 KM丫 衔铁			合上电源开关，压下 KM 和 KM△ 衔铁			按下 SB1 或 KM 衔铁	同时按下 SB1 和 KM△ 衔铁，再按下 KM丫 衔铁	停止控制
测试位置	L1—U1	L2—V1	L3—W1	L1—W2	L2—U2	L3—V2	W11—V11	W11—V11	W11—V11
电阻值									

（2）通电测试

在使用万用表检测后，接入电源进行通电测试。通电前，确保电路测量充分，做到应检尽检，在教师的监护下按照下列要求通电。

1）为保证人身安全，在通电试车时，要认真执行安全操作规程的有关规定，一人监护，一人操作。试车前，应检查与通电试车有关的电气设备是否有不安全的因素存在，若查出应立即整改，然后方能试车。

2）通电试车前，必须征得教师的同意，并由指导教师接通三相电源 L1、L2、L3，同时在现场监护。学生合上电源开关后，用测电笔检查熔断器出线端，如果氖管亮，说明电源接通。按照表 4-1-5 的操作步骤操作，观察交流接触器情况是否正常，是否符合电路功能要求，元器件的动作是否灵活，有无卡阻及噪声过大等现象，电动机运行情况是否正常等。但不得对电路接线是否正确进行带电检查。观察过程中，若发现异常现象，应立即停车。当电动机运转平稳后，用钳形电流表测量三相电流是否平衡。按照顺序测试电路各项功能，并将测试结果填入表 4-1-5 中。

表 4-1-5　三相异步电动机丫-△降压起动控制电路的通电测试记录

操作步骤	合上电源开关	按下 SB1	延时时间到	按下 SB2
电动机动作或交流接触器吸合情况				

3）通电试车完毕后，停转，切断电源。先拆除三相电源线，再拆除电动机线。

6. 故障排除

出现故障后，学生按照故障检修步骤和方法检修电路。若不能检查出故障，小组成员可互帮互助检查电路，也可在教师的指导下进行检修。若需带电检查时，教师必须在现场监护。检修完毕后，如需要再次试车，教师也应该在现场

三相异步电动机丫-△降压起动控制电路通电试车

监护，并填好检修记录单表 4-1-6。

表 4-1-6　三相异步电动机丫-△降压起动控制电路检修记录单

序号	设备编号	设备名称	故障现象	故障原因	排除方法	所需材料	维修日期

操作评价

教师对学生的课堂表现及电路完成的结果进行指标性评价，并填写表 4-1-7。

表 4-1-7　三相异步电动机丫-△降压起动控制电路评价表

评价项目	评价内容	配分	评价标准	扣分
课堂表现	课堂学习参与度	10	不听课、不互动、不参与、不操作，酌情扣分	
	团结协作意识	5	不积极参与小组成员分工协作，酌情扣分	
	语言表达能力	5	不积极参与小组讨论，不能积极地回答问题，酌情扣分	
安装接线	布线图绘制	5	不能完整正确绘制主电路和控制电路，每错一处扣 1 分	
	元器件选择与检测	5	（1）元器件选错，扣 3 分 （2）元器件漏检或错检，每处扣 2 分	
	元器件安装	5	元器件安装不符合要求，不按元器件布置图安装，元器件安装不牢固，元器件安装不整齐、不匀称、不合理，损坏元件，每处扣 2 分	
	布线工艺	15	（1）严禁损伤线芯和导线绝缘层，接线端子上不能漏铜过长，若有不符，每处扣 5 分 （2）每个接线端子上连接的导线根数一般不超过两根，并保证不能压绝缘皮，若有不符，每处扣 3 分 （3）主电路、控制电路、按钮和接地线按要求用软线，若有不符，每错用一根扣 1 分 （4）主电路、控制电路的导线要通过线槽走线，若有不符，每处扣 2 分 （5）线槽内导线不过长、不过紧，导线只能上下进出线槽，若有不符，每处扣 2 分 （6）导线必须规范使用接线端子，若有不符，每处扣 1 分 （7）电源、电动机和控制电路引线在接线端子排上按序分布，若有不符，每错一根扣 1 分 （8）编码套管套装不正确，每处扣 1 分 （9）漏接接地线，扣 3 分	
	整体布局	5	（1）面板线路应合理汇集成线束，若有不符，每处扣 1 分 （2）进出线应合理汇集在端子排上，若有不符，每处扣 1 分 （3）整体走线应合理美观，若有不符，每处扣 1 分	

续表

评价项目	评价内容	配分	评价标准	扣分
功能测试	不通电检测	10	（1）有故障查不出，扣10分 （2）有故障，查出故障但不能排除，扣5分	
	电路功能测试 （加电试车）	20	（1）热继电器和时间继电器未整定或整定错误，扣5分 （2）按下SB1，电动机不能降压起动，扣5分 （3）延时间到，电动机不能运行，扣5分 （4）按下SB2，电动机不能停止，扣3分	
安全文明操作	安全文明操作 （满足评价标准的五条规定得15分，有一条不满足则不得分）	15	（1）操作结束后整理现场 （2）穿工作服和绝缘鞋操作 （3）通电试车时，不能跳断路器、烧熔断器和电机等器件 （4）通电试车时，安装板上不乱放工具、导线等 （5）通电试车结束后切断电源	
备注	通电试车前需测试控制电路是否存在短路现象，若存在短路现象则不许通电试车。若发生重大安全事故，总分为0分。若在规定的时间内没有完成电路，总分为0分。			

🔘 知识测评

1. 如图 4-1-11 所示为三相异步电动机的电气控制电路，试回答以下问题：

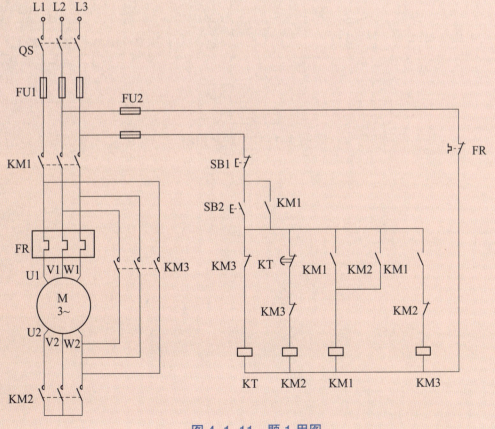

图 4-1-11　题 1 用图

（1）该电路具有什么功能？将电路补充完整。

（2）在电路的保护环节中，热继电器和交流接触器分别起什么作用？

（3）该电路中的时间继电器应选择何种延时方式？

（4）电动机在降压起动运行时，哪几个接触器处于吸合状态？

（5）在KM3线圈与KM2常闭辅助触点的串联支路中，如果不串接KM2常闭辅助触点，电动机的主电路会发生什么情况？

2.如图4-1-12所示是丫-△降压起动控制电路的电路图，图中哪些地方画错了？把错误处改正过来，并按改正后的电路叙述工作原理。

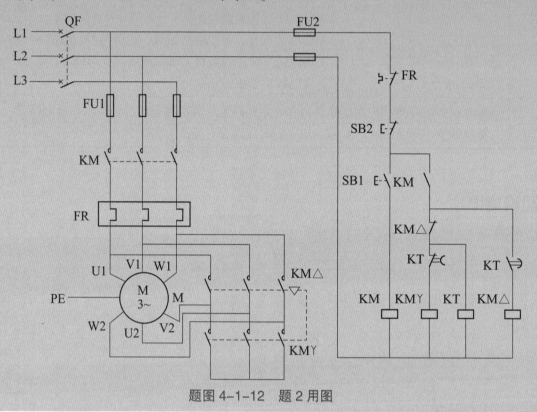

题图4-1-12　题2用图

 **子模块 2** **三相异步电动机自耦变压器降压起动控制电路的安装与调试**

学习目标

1. 素养目标

（1）通过学习安全操作规范，增强安全意识。

（2）通过反复安装检修电路，养成认真负责的工作态度。

2. 知识目标

（1）熟知中间继电器、自耦变压器的结构、符号、型号、含义及工作原理。

（2）能正确分析自耦变压器降压起动的原理。

（3）能正确分析自耦变压器降压起动控制电路的原理。

（4）能够绘制三相异步电动机自耦变压器降压起动控制电路的原理图、元器件布置图及电气安装接线图。

3. 技能目标

（1）学会自耦变压器降压起动控制电路中低压电器的选用与简单检修。

（2）能按照板前线槽布线工艺要求进行自耦变压器降压起动控制电路的安装与调试。

（3）能根据故障现象分析故障原因，按照正确的检测步骤排除故障，并完成检修记录。

知识模块

一、自耦变压器

自耦变压器是一种单圈式变压器，一、二次侧共同用一个绕组绕制，其变压比是固定的。自耦变压器与同容量的一般变压器相比较，尤其在变比接近于 1 的场合显得特别经济，所以在电压相近的大功率输电变压器中用得比较多，而且在 10 kW 以上异步电动机降压起动箱中得到广泛使用。

QZB 型系列自耦变压器适用于交流 50~60 Hz、额定电压为 380~660 V、额定输出容量为 500 kW 以下的三相笼型感应电动机，作不频繁操作条件下的降压起动，利用变压器降压的特点，降低电动机的起动电流，以改善电动机起动时对输电网络的影响。

本系列变压器具有 65%、80% 两组起动电压抽头，若需要较小的起动转矩时可选用 65% 抽头，此时起动电流小，对电网影响小；较大起动转矩时可选用 80% 抽头，其外形及图形符号如图 4-2-1 所示。

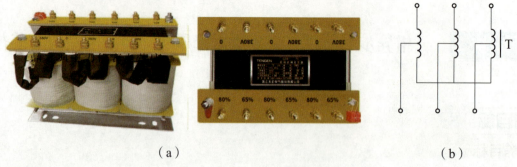

图 4-2-1　QZB 型自耦变压器

（a）外形；（b）图形符号

1. 自耦变压器的型号及含义

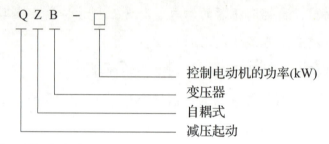

控制电动机的功率(kW)
变压器
自耦式
减压起动

2. 自耦变压器的主要技术参数

QZB 型自耦变压器主要技术参数如表 4-2-1 所示。

表 4-2-1　QZB 型自耦变压器主要技术参数

型号	额定工作电压	变压器功率 /kW	控制电动机功率 /kW	电动机额定电流参考值 /A
QZB-14		14	14	28
QZB-17		17	17	34
QZB-22		22	22	42
QZB-30	380 V	30	30	57
QZB-40		40	40	76
QZB-45		45	45	84
QZB-55		55	55	103
QZB-75		75	75	140

二、中间继电器

中间继电器主要用于传递控制过程中的中间信号。中间继电器的触点数量比较多，可以将一路信号转变为多路信号，以满足控制要求。其外形及图形符号如图 4-2-2 所示。

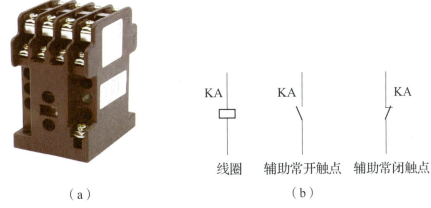

线圈　　辅助常开触点　辅助常闭触点

（a）　　　　　　　　　（b）

图 4-2-2　中间继电器的外形及图形符号

（a）外形；（b）图形符号

JZ7 系列的中间继电器的结构及工作原理与接触器基本相同，但中间继电器的触点对数多，且没有主、辅触点之分，各对触点允许通过的电流大小相同，多数为 5 A。

JZ7 系列的中间继电器的型号、含义如下：

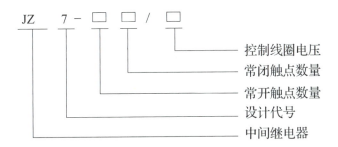

控制线圈电压
常闭触点数量
常开触点数量
设计代号
中间继电器

三、自耦变压器降压起动控制电路

自耦变压器降压起动是三相笼型异步电动机降压起动的一种典型方法，主要的特点是在相同的起动电流下，电动机的起动转矩相应较高，而且不论电动机定子绕组采用丫连接还是△连接都可以使用。

1. 自耦变压器降压起动原理

自耦变压器降压起动是指电动机起动时利用自耦变压器来降低加在电动机定子绕组上的起动电压。待电动机起动后，再使电动机与自耦变压器脱离，从而在全压下正常运行。

如图 4-2-3 所示，起动时，先合上开关 QS，再将开关 S 投向起动位置，这时经过自耦变压器降压后的交流电压加到电动机三相定子绕组上，电动机开始降压起动，待电动机转速升高到一定值后，再把 S 投向运行位置，电动机就在全压下正常运行。此时自耦变压器已从

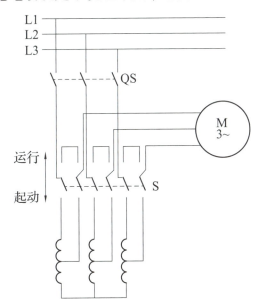

图 4-2-3　自耦变压器降压起动原理

电网上被切除。在实际使用中都把自耦变压器、开关触点、操纵手柄等组合在一起构成自耦减压起动器（又称起动补偿器）。

自耦变压器二次绕组有 2 或 3 组抽头，分别是 80%、65% 或 80%、65%、50%。

则加在电动机上的起动电压：$U'=KU_1$

电动机的起动电流：$I'=KI$

变压器原边电流：$I''=K^2I$

降压起动转矩：$T'=K^2T$

上式中，K 为变压器的抽头，U_1 为电源的线电压，T 为电动机直接起动的起动转矩。

2. 电气原理图

三相异步电动机自耦变压器降压起动控制电路原理图如图 4-2-4 所示。

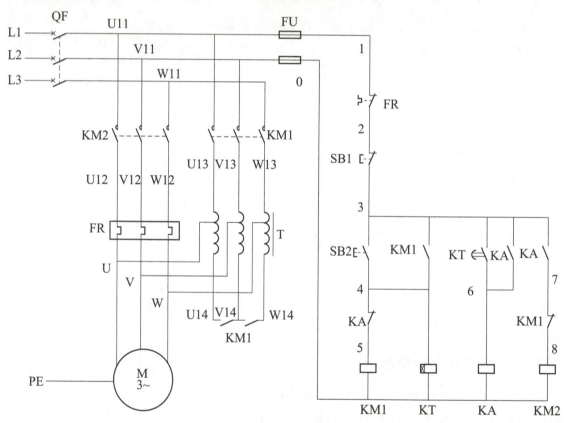

图 4-2-4　三相异步电动机自耦变压器降压起动控制电路

3. 电路的工作原理

图 4-2-4 所示的三相异步电动机自耦变压器降压起动控制电路的操作过程和工作原理简单分析如下：

合上电源开关 QF。

降压起动：

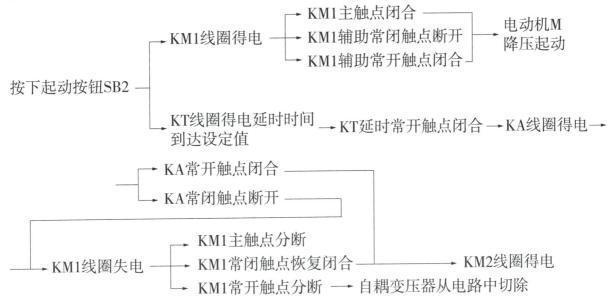

正常运行：KM2线圈得电 ⟶ KM2主触点闭合 ⟶ 电动机M正常运行

停止：按下SB1 ⟶ KM2线圈失电 ⟶ 电动机M失电停止

操作模块

1. 安全教育

学习电气实训室安全管理规范，增强安全意识。

2. 识读电路图

识读电路图 4-2-4，明确电路所用元器件及其作用，熟悉其工作原理。按照图 4-2-4 所示配齐所需元器件，也可参照表 4-2-2 器具清单配齐所需材料。

经查阅《电工手册》等相关资料和相关计算，三相异步电动机自耦变压器降压起动控制电路的器具清单如表 4-2-2 所示。

表 4-2-2 器具清单

序号	名称	型号	规格	数量
1	三相异步电动机 M	Y2-112M-4	4 kW、380 V、8.8 A	1
2	断路器 QF	DZ47s-D63	三极、400 V	1
3	中间继电器 KA	JZT-44	380 V	1
4	熔断器 FU	RT18-32	500 V、配熔体 2 A	2
5	交流接触器 / F4 交流接触器辅助触点	CJX2-2510、F4-22	380 V、25 A	2
6	热继电器 FR	JR36-20/3	三极、20 A、整定电流 8.8 A	1

续表

序号	名称	型号	规格	数量
7	按钮 SB1、SB2	LA4-3H	保护式、按钮数 3	1
8	时间继电器（带底座）	JSZ3	380 V	1
9	端子排	TB-1512/1510	15 A、12 节、600 V/15 A、10 节、600 V	3
10	自耦变压器		定制抽头电压 $65\%U_N$	1
11	针型冷压端子	1508、1008、7508		若干
12	线槽		25 mm × 25 mm	若干
13	导线	BVR	$0.75\ mm^2$、$1.0\ mm^2$、$1.5\ mm^2$	若干
14		配电板 1 块，紧固螺丝与编码套管若干		
15	工具	测电笔、螺丝刀、尖嘴钳、斜口钳、剥线钳、压线钳等		
16	仪表	兆欧表、钳形电流表、万用表		

3. 检测元器件

根据电路图或器具清单配齐元器件，并进行必要的检测。

学生协作按照所学方法对电源开关、熔断器、交流接触器、按钮、热继电器、中间继电器进行检测，按要求调节时间继电器的延时时间和热继电器的整定值，并填写元器件检测记录表 4-2-3。

表 4-2-3　元器件检测记录表

序号	名称	型号	数量	电源开关触点电阻		交流接触器				按钮		热继电器				中间继电器		时间继电器				熔断器
				分闸时触点接触电阻	合闸时触点接触电阻	线圈电阻	主触点	常闭触点	常开触点	常闭触点	常开触点	热元件	常闭触点	常开触点	整定值	常闭触点	常开触点	延时常开触点	延时常闭触点	延时常开触点	延时时间	阻值
1	断路器																					
2	熔断器																					
3	交流接触器																					
4	按钮																					
5	热继电器																					
6	中间继电器																					
7	时间继电器																					

4.安装与接线

（1）绘制元器件布置图和安装元器件

根据图 4-2-4 三相异步电动机自耦变压器降压起动控制电路图绘出元器件布置图，学生在图 4-2-5 电气安装接线图中自行连线，并根据图 4-2-5 元器件布置图安装元器件。在控制板上进行元器件的布置与安装时，各元器件的安装位置应整齐、匀称、间距合理，便于元器件的更换。线槽距元器件的间距应合理，便于接线。紧固各元器件时要用力均匀。在紧固熔断器、交流接触器等易碎元器件时，应用手按住元器件，逐渐旋紧螺钉。

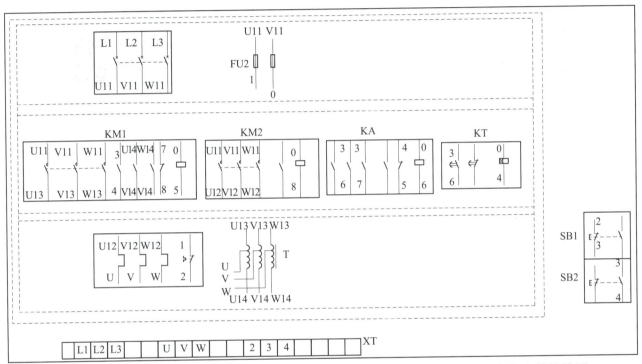

图 4-2-5　三相异步电动机自耦变压器降压起动控制电路元器件布置图和电气安装接线图

（2）布线

根据电气安装接线图 4-2-5 按照板前线槽布线工艺要求布线，同时剥去绝缘层两端的线头，压接冷压端子，套上与电路图相一致线号的编码套管。对螺旋式熔断器接线时应注意，电源进线接在瓷质底座的下接线端，负载线接在金属螺纹壳相连的上接线端。

QZB 型系列自耦变压器的接线方式：

如图 4-2-6 所示，自耦变压器的三个绕组互相独立，每个绕组的"0"接在一起，每个绕组的 380 V 端分别接电源的三相 L1、L2、L3。每个绕组有两个抽头，分别是 80% 和 65%，接负载端。

实际的变压器接到电路中的方式如图 4-2-7 所示，KM2 吸合时，自耦变压器每个绕组的 380 V 端分别接电源 L1、L2、L3；KM3 吸合时，每个绕组的"0"接在一起，每个绕组 65% 的抽头接电动机。

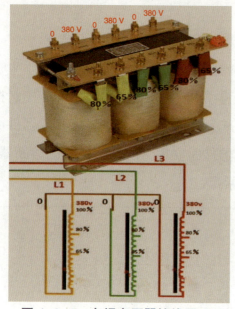

图 4-2-6   自耦变压器接线原理图

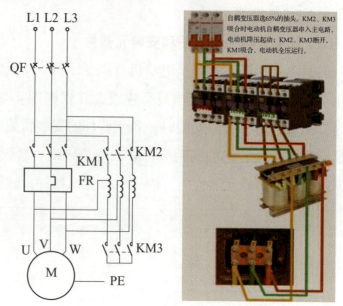

图 4-2-7   自耦变压器实物接线图

（3）检查布线

根据图 4-2-4 所示电路图，检查布线是否有漏接、错位接线的情况。

（4）安装电动机

先连接电动机和所有元器件金属外壳的保护接地线，再连接电源、电动机等控制板外部的导线。

5. 测试

（1）不通电测试

在不接通电的情况下，学生用万用表根据下列测量方法对电路进行检测。

1）按电路图或电气安装接线图从电源端开始，逐段核对接线及接线端子处线号是否正确，有无漏接、错接之处。检查导线接点是否符合要求，压接是否牢固。同时注意接点接触应良好，以避免带负载运转时产生闪弧现象。

2）用万用表检查电路的通断情况。检查时，应选用量程适当的电阻挡。

① 主电路接线检测。

断开控制电路，先按照之前检测的方法检测主电路有无短路现象，再检查主电路的通断情况。首先将断路器闭合，将万用表的两表笔分别搭在 L1 和 U、L2 和 V、L3 和 W 之间，按下交流接触器 KM2 衔铁，用万用表测量相电阻，若阻值基本相等，则表明电路已通；将万用表的两表笔分别搭在 L1 和 U、L2 和 V、L3 和 W 之间，按下交流接触器 KM1 衔铁，用万用表测得各相电阻值若近似相等，则表明电路已通。然后把测试结果填入表 4-2-4 中。

② 控制电路接线检测（断开主电路）。

将万用表两表笔分别搭在 U11、V11 触点线端上，万用表应显示 ".0L"。按下按钮 SB2 或交流接触器 KM1 衔铁，万用表读数应为 KM1 和 KT 的线圈并联的直流电阻值；按下中间继电器 KA 衔铁，万用表读数应为 KM2 和 KA 线圈并联的直流电阻值。按住 SB2 再按下 SB1，万用

表显示 ".0L"。然后将测试结果填入表 4-2-4 中。

表 4-2-4　三相异步电动机自耦变压器降压起动控制电路的不通电测试记录

操作步骤	主电路						控制电路		
	合上电源开关，按下 KM2 衔铁			合上电源开关，按下 KM1 衔铁			按下 SB2 或 KM1 衔铁	按下 KA 衔铁	按住 SB2 再按下 SB1
测试位置	L1—U	L2—V	L3—W	L1—U	L2—V	L3—W	U11—V11	U11—V11	U11—V11
电阻值									

（2）通电测试

在使用万用表检测后，接入电源进行通电测试。通电前，确保电路测量充分，做到应检尽检，在教师的监护下按照下列要求通电。

1）为保证人身安全，在通电试车时，要认真执行安全操作规程的有关规定，一人监护，一人操作。试车前，应检查与通电试车有关的电气设备是否有不安全的因素存在，若查出应立即整改，然后方能试车。

2）通电试车前，必须征得教师的同意，并由指导教师接通三相电源 L1、L2、L3，同时在现场监护。学生合上电源开关后，用测电笔检查熔断器出线端，如果氖管亮，说明电源接通。按照表 4-2-5 的操作步骤操作，观察交流接触器情况是否正常，是否符合电路功能要求，元器件的动作是否灵活，有无卡阻及噪声过大等现象，电动机运行情况是否正常等。但不得对电路接线是否正确进行带电检查。观察过程中，若发现有异常现象，应立即停车。当电动机运转平稳后，用钳形电流表测量三相电流是否平衡。按照顺序测试电路各项功能，并将测试结果填入表 4-2-5 中。

表 4-2-5　三相异步电动机自耦变压器降压起动控制电路的通电测试记录

操作步骤	合上电源开关	按下 SB2	按下 SB1
电动机动作或交流接触器吸合情况			

3）通电试车完毕后，停转，切断电源。先拆除三相电源线，再拆除电动机线。

6. 故障排除

出现故障后，学生按照故障检修步骤和方法检修电路。若不能检查出故障，小组成员可互帮互助检查电路，也可在教师的指导下进行检修。若需带电检查时，教师必须在现场监护。检修完毕后，如需要再次试车，教师也应该在现场监护，并填好检修记录单表 4-2-6。

表 4-2-6　三相异步电动机自耦变压器降压起动控制电路检修记录单

序号	设备编号	设备名称	故障现象	故障原因	排除方法	所需材料	维修日期

操作评价

教师对学生的课堂表现及电路完成的结果进行指标性评价，并填写表 4-2-7。

表 4-2-7　三相异步电动机自耦变压器降压起动控制电路评价表

评价项目	评价内容	配分	评价标准	扣分
课堂表现	课堂学习参与度	10	不听课、不互动、不参与、不操作，酌情扣分	
	团结协作意识	5	不积极参与小组成员分工协作，酌情扣分	
	工作态度	5	不能踏实地反复训练，酌情扣分	
安装接线	布线图绘制	5	不能完整正确绘制主电路和控制电路，每错一处扣 1 分	
	元器件选择与检测	5	（1）元器件选错，扣 3 分 （2）元器件漏检或错检，每处扣 2 分	
	元器件安装	5	元器件安装不符合要求，不按元器件布置图安装，元器件安装不牢固，元器件安装不整齐、不匀称、不合理，损坏元件，每处扣 2 分	
	布线工艺	15	（1）严禁损伤线芯和导线绝缘层，接线端子上不能漏铜过长，若有不符，每处扣 5 分 （2）每个接线端子上连接的导线根数一般不超过两根，并保证不能压绝缘皮，若有不符，每处扣 3 分 （3）主电路、控制电路、按钮和接地线按要求用软线，若有不符，每错用一根扣 1 分 （4）主电路、控制电路的导线要通过线槽走线，若有不符，每处扣 2 分 （5）线槽内导线不过长、不过紧，导线只能上下进出线槽，若有不符，每处扣 2 分 （6）导线必须规范使用接线端子，若有不符，每处扣 1 分 （7）电源、电动机和控制电路引线在接线端子排上按序分布，若有不符，每错一根扣 1 分 （8）编码套管套装不正确，每处扣 1 分 （9）漏接接地线，扣 3 分	
	整体布局	5	（1）面板线路应合理汇集成线束，若有不符，每处扣 1 分 （2）进出线应合理汇集在端子排上，若有不符，扣 1 分 （3）整体走线应合理美观，若有不符，每处扣 1 分	

续表

评价项目	评价内容	配分	评价标准	扣分
功能测试	不通电检测	10	（1）有故障查不出，扣 10 分 （2）有故障，查出故障但不能排除，扣 5 分	
	电路功能测试 （加电试车）	20	（1）热继电器和时间继电器未整定或整定错误，扣 5 分 （2）按下 SB2，电动机不连续正转，扣 5 分 （3）延时时间到，电动机不能运行，扣 5 分 （4）按下 SB1，电动机不能停止，扣 5 分	
安全文明操作	安全文明操作 （满足评价标准的五条规定得 15 分，有一条不满足则不得分）	15	（1）操作结束后整理现场 （2）穿工作服和绝缘鞋操作 （3）通电试车时，不能跳断路器、烧熔断器和电机等器件 （4）通电试车时，安装板上不乱放工具、导线等 （5）通电试车结束后切断电源	
备注	通电试车前需测试控制电路是否存在短路现象，若存在短路现象则不许通电试车。若发生重大安全事故，总分为 0 分。若在规定的时间内没有完成电路，总分为 0 分。			

 拓展教学

三相笼型异步电动机起动方法的比较

三相笼型异步电动机的起动方法有两类，即在额定电压下的直接起动和降低起动电压的降压起动。两种方法各有优缺点，可按具体情况正确选用。

1. 直接起动

直接起动一般适用于容量在 11 kW 以下的三相异步电动机的起动。

直接起动的控制电路简单，起动时间短。但起动电流大，当电源变压器容量小时，会对其他电器设备的正常工作产生影响。但是，实际使用三相异步电动机时，只要允许采用直接起动，就应优先考虑使用直接起动。

2. 串电阻降压起动

串电阻降压起动适用于起动转矩较小的电动机。

串电阻降压起动电流较小，起动电路较为简单，但电阻的功耗较大，起动转矩随电阻分压的增加下降较快，所以，串电阻降压起动的方法使用得比较少。

3. Y－△降压起动

三角形接法的电动机都可采用 Y－△降压起动。

由于起动电压降低较大，故用于轻载或空载起动。Y－△降压起动控制电路简单，常把控制电路制成 Y－△降压起动器。大功率电动机采用 QJ 系列起动器，小功率电动机采用 QX 系列起动器。

4. 自耦变压器降压起动

星形或三角形接法的电动机都可采用自耦变压器降压起动，起动电路及操作比较简单，起动器体积较大，且不可频繁起动。

5. 延边三角形降压起动

延边三角形电动机是专门为需要降压起动而生产的电动机，电动机的定子绕组中间有抽头，根据起动转矩与降压要求可选择不同的抽头比。其起动电路简单，可频繁起动，缺点是电动机结构比较复杂。

综上所述，我们可以根据不同的场合与需要，选择不同的起动方法。

知识测评

如图 4-2-8 所示为三相异步电动机自耦变压器降压起动电气控制电路图。

（1）若设定时间继电器的延时动作时间为 10 s，按下 SB2 按钮再松开，则 12 s 后交流接触器 KM1、KM2 的得电情况是（　　　）。（选填：得电 / 失电）

（2）信号灯 HL1、HL2 分别指示（　　　）状态。（选填：停车 / 降压起动 / 全压运行 / 故障报警）

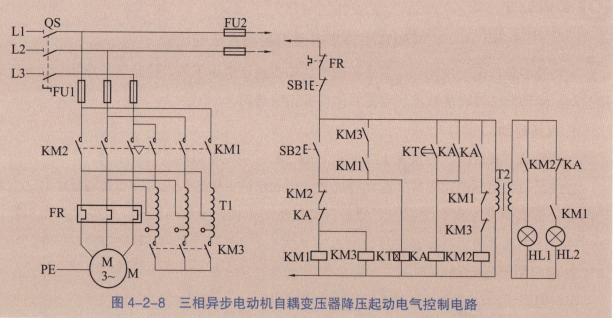

图 4-2-8　三相异步电动机自耦变压器降压起动电气控制电路

三相异步电动机制动控制电路的安装与调试

子模块 1　三相异步电动机反接制动控制电路的安装与调试

学习目标

1. 素养目标

（1）通过学习安全操作规范，增强安全意识。

（2）通过理论的学习，逐步形成理论联系实际的学习习惯和哲学思想。

2. 知识目标

（1）熟知速度继电器的结构、符号、型号、含义及其工作原理。

（2）能正确分析反接制动的原理。

（3）能正确分析三相异步电动机反接制动控制电路的原理。

（4）能够绘制三相异步电动机反接制动控制电路的原理图、元器件布置图及电气安装接线图。

3. 技能目标

（1）学会反接制动控制电路中低压电器的选用与简单检修。

（2）能按照板前线槽布线工艺要求进行反接制动控制电路的安装与调试。

（3）能根据故障现象，分析故障原因，按照正确的检测步骤排除故障，并完成检修记录。

知识模块

一、速度继电器

速度继电器是反映转速和转向的继电器，其主要作用是以旋转速度的快慢为指令信号，与接触器配合实现对电动机的反接制动控制，故又称为反接制动继电器。常用的感应式速度继电器有 JY1 和 JFZ0 系列，其外形如图 5-1-1 所示。

图 5-1-1 JY1 型速度继电器

1. 速度继电器的结构

速度继电器主要由转子、定子、触点、可动支架和端盖组成，其结构与图形符号如图 5-1-2 所示。转子由永久磁铁制成，固定在转轴上；定子由硅钢片叠成并装有笼型短路绕组，能做小范围偏转。

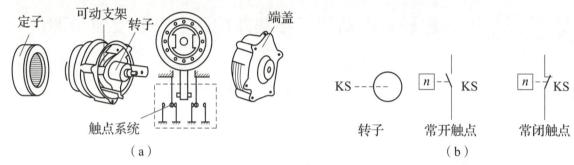

（a） （b）

图 5-1-2 速度继电器的结构及图形符号

（a）结构；（b）图形符号

2. 速度继电器的工作原理

JY1 型速度继电器的原理图如图 5-1-3 所示。速度继电器在使用时，其转子的轴与电动机相连，外壳固定在电动机的端盖上。当电动机旋转时，带动与电动机同轴连接的速度继电器的转子旋转，相当于在空间中产生一个旋转磁场，定子绕组切割该磁场，从而在定子笼型短路绕组中产生感应电流，感应电流与永久磁铁的旋转磁场相互作用产生电磁转矩，使定子随永久磁铁转动的方向偏转，与定子相连的胶木摆杆也随之偏转。当转子的转速上升到某个数值时，则定子的偏转角度增大，使胶木摆杆推动簧片动作，即速度继电器的常闭触点断开，常开触点闭合。当转子转速减小到接近零时，由于定子的电磁转矩减小，胶木摆杆恢复原状态，触点随即复位。

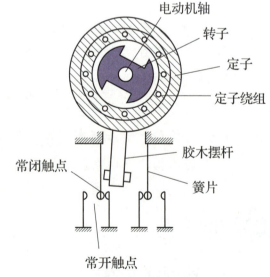

图 5-1-3 JY1 型速度继电器的原理图

3. 速度继电器的型号含义及技术参数

JY1 系列能在 3 000 r/min 的转速下可靠工作。JFZ0 型触点动作速度受定子柄偏转快慢的影响，触点改用微动开关。一般情况下，速度继电器的触点在转速达到 120 r/min 以上时能动作，当转速低于 100 r/min 左右时，触点复位。

JFZ0 型速度继电器型号含义如下：

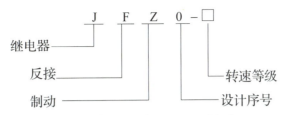

JY1 型和 JFZ0 型速度继电器的技术参数如表 5-1-1 所示。

表 5-1-1　JY1 型和 JFZ0 型速度继电器的技术参数

型号	触点额定电压 /V	触点额定电流 /A	触点对数		额定工作转速 /(r·min⁻¹)	允许操作频率 /(次·h⁻¹)
			正转动作	反转动作		
JY1	380	2	1 组转换触点	1 组转换触点	100~3 000	<30
JFZ0-1			1 常开、1 常闭	1 常开、1 常闭	300~1 000	
JFZ0-2			1 常开、1 常闭	1 常开、1 常闭	1 000~3 000	

4. 速度继电器的选用

速度继电器主要根据所需控制的转速大小、触点数量和电压、电流来选用。

5. 速度继电器的常见故障及处理方法

速度继电器的常见故障及处理方法如表 5-1-2 所示。

表 5-1-2　速度继电器的常见故障及处理方法

故障现象	可能原因	处理方法
反接制动时速度继电器失效，电动机不制动	胶木摆杆断裂	更换胶木摆杆
	触点接触不良	清洗触点表面油污
	弹性动触片断裂或失去弹性	更换弹性动触片
	笼型绕组开路	更换笼型绕组
电动机不能正常制动	弹性动触片调整不当	重新调节调整螺钉：将调整螺钉向下旋，弹性动触片增大，使速度较高时继电器才动作；或将调整螺钉向上旋，弹性动触片减小，使速度较低时继电器才动作

二、反接制动控制电路

电动机的制动是指在电动机的轴上加一个与其旋转方向相反的转矩，使电动机减速或停转，对位能性负载（起重机上的重物），制动运行可获得稳定的下降速度。

根据制动转矩产生方法的不同，电动机制动可分为机械制动和电气制动两类。机械制动通常靠摩擦方法产生制动转矩，如电磁抱闸制动。而电气制动依靠使电动机所产生的电磁转矩与电动机的旋转方向相反来实现。三相异步电动机的电气制动有反接制动、能耗制动和再生制动三种。

1. 反接制动原理

电动机停机后因机械惯性仍继续旋转，此时如果和控制电动机反转一样改变三相电源的相序，电动机的旋转磁场随即反向，产生的电磁转矩与电动机的旋转方向相反，为制动转矩，使电动机很快停下来，这就是反接制动。

在开始制动瞬间，转子电流比起动时还要大。为限制电流的冲击，往往在定子绕组中串入限流电阻 R。此外，当电动机转速降至零附近时，若不及时切断电源，电动机就会反向起动而达不到制动的目的，其原理电路如图 5-1-4 所示。制动时先断开开关 S1，再合上开关 S2。在操作时绝对不能在未断开 S1 时合上 S2。

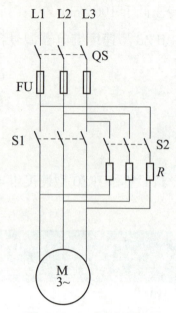

图 5-1-4　制动原理图

在异步电动机的几种电气制动方法中，反接制动简单易行，制动转矩大，效果好。反接制动时仍需从电源吸收电能，故经济性能差，但能很快使电动机停转，所以制动性能较好。

2. 电气原理图

三相异步电动机反接制动控制电路原理图如图 5-1-5 所示。

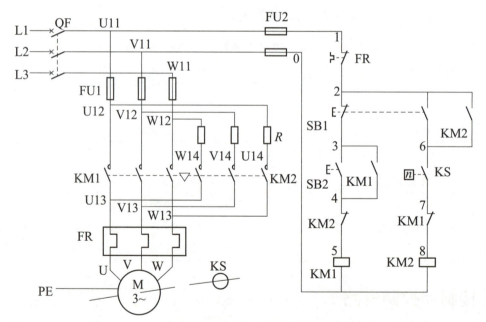

图 5-1-5　三相异步电动机反接制动控制电路原理图

3. 电路的工作原理

图 5-1-5 所示为三相异步电动机反接制动控制电路，其主电路与正反转控制电路的主电路相同，只是在反接制动时增加了三个限流电阻。电路中 KM1 为正转运行接触器，KM2 为反接制动接触器，KS 为速度继电器，其轴与电动机轴相连（图 5-1-5 中用点画线表示）。

合上电源开关 QF。

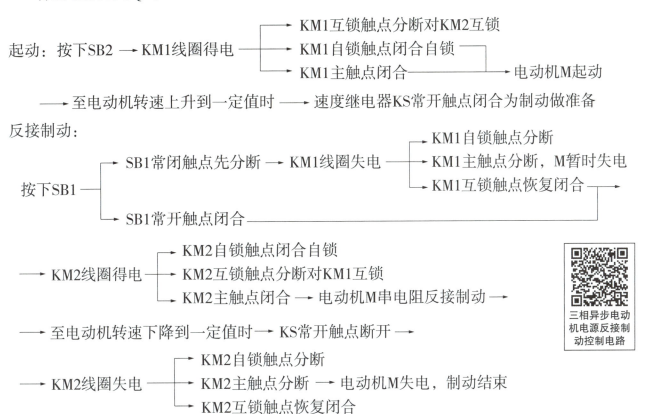

起动：按下SB2 → KM1线圈得电 →
- KM1互锁触点分断对KM2互锁
- KM1自锁触点闭合自锁
- KM1主触点闭合 → 电动机M起动

→ 至电动机转速上升到一定值时 → 速度继电器KS常开触点闭合为制动做准备

反接制动：

按下SB1 →
- SB1常闭触点先分断 → KM1线圈失电 →
  - KM1自锁触点分断
  - KM1主触点分断，M暂时失电
  - KM1互锁触点恢复闭合 →
- SB1常开触点闭合 →

→ KM2线圈得电 →
- KM2自锁触点闭合自锁
- KM2互锁触点分断对KM1互锁
- KM2主触点闭合 → 电动机M串电阻反接制动 →

→ 至电动机转速下降到一定值时 → KS常开触点断开 →

→ KM2线圈失电 →
- KM2自锁触点分断
- KM2主触点分断 → 电动机M失电，制动结束
- KM2互锁触点恢复闭合

三相异步电动机电源反接制动控制电路

操作模块

1. 安全教育

学习电气实训室安全管理规范，增强安全意识。

2. 识读电路图

识读电路图 5-1-5，明确电路所用元器件及其作用，熟悉其工作原理。按照图 5-1-5 所示配齐所需元器件，也可参照表 5-1-3 器具清单配齐所需材料。

经查阅《电工手册》等相关资料和相关计算，三相异步电动机反接制动控制电路的器具清单如表 5-1-3 所示。

表 5-1-3　器具清单

序号	名称	型号	规格	数量
1	三相异步电动机 M	Y2-112M-4	4 kW、380 V、8.8 A	1
2	断路器	DZ47s-D63	三极、400 V	1
3	熔断器 FU1	RT18-32	500 V、配熔体 25 A	3
4	熔断器 FU2	RT18-32	500 V、配熔体 2 A	2
5	交流接触器 / F4 交流接触器辅助触点	CJX2-2510、F4-22	380 V、25 A	2

续表

序号	名称	型号	规格	数量
6	热继电器 FR	JR36-20/3	三极、20 A、整定电流 8.8 A	1
7	按钮 SB1、SB2	LA4-3H	保护式、按钮数 3	1
8	速度继电器 KS	JY1		1
9	端子排	TB-1512/1510	15 A、12 节、600 V/15 A、10 节、600 V	3
10	针型冷压端子	1508、1008、7508		若干
11	线槽		25 mm × 25 mm	若干
12	导线	BVR	0.75 mm², 1.0 mm², 1.5 mm²	若干
13	配电板 1 块, 紧固螺丝与编码套管若干			
14	工具	测电笔、螺丝刀、尖嘴钳、斜口钳、剥线钳、压线钳等		
15	仪表	兆欧表、钳形电流表、万用表		

注：本电路所用电动机功率小于 4.5 kW，反接制动时不需要串入限流电阻。

3. 检测元器件

根据电路图或器具清单配齐元器件，并进行必要的检测。

学生协作按照所学方法对电源开关、熔断器、交流接触器、按钮、热继电器进行检测，按要求调节热继电器的整定值，并填写元器件检测记录表 5-1-4。

学生按照下列检测步骤对所配备的速度继电器进行检测，并填写元器件检测记录表 5-1-4。

常闭触点检测：将万用表拨到蜂鸣挡，将红、黑两表笔接在任意两个触点上，若万用表发出蜂鸣声，说明这是一对常闭触点，如图 5-1-6（a）所示。推动衔铁，模拟速度继电器动作，若万用表显示从蜂鸣声变为".0L"，说明这对触点完好，如图 5-1-6（b）所示；否则说明触点损坏。

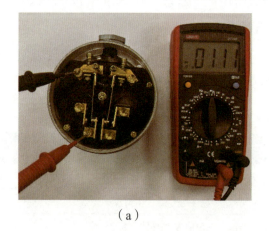
（a）

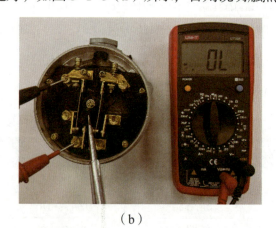
（b）

图 5-1-6 速度继电器常闭触点的检测

常开触点检测：万用表挡位不变，将红、黑两表笔接在任意两个触点上，若万用表显示".0L"，说明这可能是一对常开触点，如图 5-1-7（a）所示。推动衔铁，模拟速度继电器动作，若万用表示数无变化，说明这不是一对触点，或触点损坏；万用表从显示".0L"变为发出蜂鸣声，说明这是一对常开触点，如图5-1-7（b）所示。

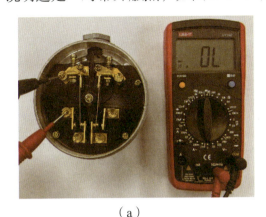
（a）

（b）

图 5-1-7 速度继电器常开触点的检测

表 5-1-4 元器件检测记录表

序号	名称	型号	数量	电源开关触点电阻		交流接触器				按钮		热继电器				速度继电器		熔断器
				分闸时触点接触电阻	合闸时触点接触电阻	线圈电阻	主触点	常闭触点	常开触点	常闭触点	常开触点	热元件	常闭触点	常开触点	整定值	常闭触点	常开触点	阻值
1	断路器																	
2	熔断器																	
3	交流接触器																	
4	按钮																	
5	热继电器																	
6	速度继电器																	

4. 安装与接线

（1）绘制元器件布置图和电气安装接线图

根据图5-1-5绘出三相异步电动机反接制动控制电路的元器件布置图和电气安装接线图，学生在图5-1-8电气安装接线图中自行连线，并根据图5-1-8元器件布置图安装元器件（本实训所用的电动机功率小于4.5 kW，反接制动时不需要串入限流电阻，故在元器件布置图中可以省略电阻）。在控制板上进行元器件的布置与安装时，各元器件的安装位置应整齐、匀称、间距合理，便于元器件的更换。线槽距元器件的间距应合理，便于接线。紧固各元器件时要用力均匀。在紧固熔断器、交流接触器等易碎元器件时，应用手按住元器件，逐渐旋紧螺钉。

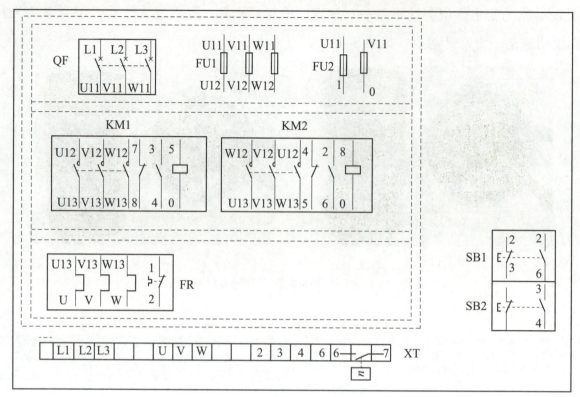

图 5-1-8　三相异步电动机反接制动控制电路元器件布置图和电气安装接线图

（2）布线

根据电气安装接线图 5-1-8 按照板前线槽布线工艺要求布线，同时剥去绝缘层两端的线头，压接冷压端子，套上与电路图相一致线号的编码套管。对螺旋式熔断器接线时应注意，电源进线接在瓷质底座的下接线端，负载线接在金属螺纹壳相连的上接线端。

（3）检查布线

根据图 5-1-5 所示电路原理图，检查布线是否有漏接、错位接线的情况。

（4）安装电动机

先连接电动机和所有元器件金属外壳的保护接地线，再连接电源、电动机等控制板外部的导线。

5.测试

（1）不通电测试

在不接通电的情况下，学生用万用表根据下列测量方法对电路进行检测。

1）按电路图或电气安装接线图从电源端开始，逐段核对接线及接线端子处线号是否正确，有无漏接、错接之处。检查导线接点是否符合要求，压接是否牢固。同时注意接点接触应良好，以避免带负载运转时产生闪弧现象。

2）用万用表检查电路的通断情况。检查时，应选用量程适当的电阻挡。

①主电路接线检测。

断开控制电路，先按照之前介绍的方法检测主路有无短路现象，再检查主电路的通断情况。首先将 QF 闭合，将万用表的两表笔分别搭在 L1 和 U、L2 和 V、L3 和 W 之间，按下交流接触器 KM1 衔铁，用万用表测量各相电阻，若阻值基本相等，则表明电路已通；松开交流接触器 KM1 衔铁，按下 KM2 衔铁，将万用表的两表笔分别搭在 L1 和 W、L2 和 V、L3 和 U 之间，用万用表测得各相电阻值。若近似等于限流电阻的电阻值，则说明电路已通。然后把测试结果填入表 5-1-5 中。

②控制电路接线检测（断开主电路）。

起动检测：将万用表两表笔分别搭在 U11、V11 触点线端上，万用表显示应为 ".0L"。按下按钮 SB2 或交流接触器 KM1 衔铁时，万用表读数应为接触器线圈 KM1 的直流电阻值；松开 SB2，按下 KM1 衔铁，使其自锁触点闭合，万用表读数应为 KM1 线圈的直流电阻值。

制动停止检测：将万用表两表笔分别搭在 U11、V11 触点线端上，按下按钮 SB1 或按下交流接触器 KM2 衔铁并使速度继电器 KS 常开触点闭合，万用表读数应为交流接触器 KM2 线圈的直流电阻值，松开 SB1 和 KM2 的衔铁，或速度继电器 KS 常开触点断开，万用表显示 ".0L"。然后把测试结果填入表 5-1-5 中。

表 5-1-5　反接制动控制电路的不通电测试记录

操作步骤	主电路						控制电路		
	合上电源开关，压下 KM1 衔铁			合上电源开关，压下 KM2 衔铁			按下 SB2 或 KM1 衔铁	按下 SB1 或 KM2 衔铁，且 KS 常开触点闭合	松开 SB1 和 KM2 衔铁或 KS 常开触点断开
测试位置	L1—U	L2—V	L3—W	L1—W	L2—V	L3—U	U11—V11	U11—V11	U11—V11
电阻值									

（2）通电测试

在使用万用表检测后，接入电源进行通电测试。通电前，确保电路测量充分，做到应检尽检，在教师的监护下按照下列要求通电。

1）为保证人身安全，在通电试车时，要认真执行安全操作规程的有关规定，一人监护，一人操作。试车前，应检查与通电试车有关的电气设备是否有不安全的因素存在，若查出应立即整改，然后方能试车。

2）通电试车前，必须征得教师的同意，并由指导教师接通三相电源 L1、L2、L3，同时在现场监护。学生合上电源开关后，用测电笔检查熔断器出线端，如果氖管亮，说明电源接通。按照表 5-1-6 的操作步骤操作，观察交流接触器情况是否正常，是否符合电路功能要求，元器件的动作是否灵活，有无卡阻及噪声过大等现象，电动机运行情况是否正常等。但不得对电路接线是否正确进行带电检查。观察过程中，若发现有异常现象，应立即停车。当电动机运转平稳后，用钳形电流表测量三相电流是否平衡。按照顺序测试电路各项功能，并将测试结果填入表 5-1-6 中。

表 5-1-6　三相异步电动机反接制动控制电路的通电测试记录

操作步骤	合上电源开关	按下 SB2	按下 SB1
电动机动作或交流接触器吸合情况			

3）通电试车完毕后，停转，切断电源。先拆除三相电源线，再拆除电动机线。

6. 故障排除

出现故障后，学生按照故障检修步骤和方法检修电路。若不能检查出故障，小组成员可互帮互助检查电路，也可在教师的指导下进行检修。若需带电检查时，教师必须在现场监护。检修完毕后，如需要再次试车，教师也应该在现场监护，并填好检修记录单表 5-1-7。

表 5-1-7　三相异步电动机反接制动控制电路检修记录单

序号	设备编号	设备名称	故障现象	故障原因	排除方法	所需材料	维修日期

操作评价

教师对学生的课堂表现及电路完成的结果进行指标性评价，并填写表 5-1-8。

表 5-1-8　三相异步电动机反接制动控制电路评价表

评价项目	评价内容	配分	评价标准	扣分
课堂表现	课堂学习参与度	10	不听课、不互动、不参与、不操作，酌情扣分	
	团结协作意识	5	不积极参与小组成员分工协作，酌情扣分	
	理论知识运用	5	不会分析电路原理，知识测评不会做，酌情扣分	
安装接线	布线图绘制	5	不能完整正确绘制主电路和控制电路，每错一处扣 1 分	
	元器件选择与检测	5	（1）元器件选错，扣 3 分 （2）元器件漏检或错检，每处扣 2 分	
	元器件安装	5	元器件安装不符合要求，不按元器件布置图安装，元器件安装不牢固，元器件安装不整齐、不匀称、不合理，损坏元件，每处扣 2 分	

续表

评价项目	评价内容	配分	评价标准	扣分
安装接线	布线工艺	15	（1）严禁损伤线芯和导线绝缘层，接线端子上不能漏铜过长，若有不符，每处扣 5 分 （2）每个接线端子上连接的导线根数一般不超过两根，并保证不能压绝缘皮，若有不符，每处扣 3 分 （3）主电路、控制电路、按钮和接地线按要求用软线，若有不符，每错用一根扣 1 分 （4）主电路、控制电路的导线要通过线槽走线，若有不符，每处扣 2 分 （5）线槽内导线不过长、不过紧，导线只能上下进出线槽，若有不符，每处扣 2 分 （6）导线必须规范使用接线端子，若有不符，每处扣 1 分 （7）电源、电动机和控制电路引线在接线端子排上按序分布，若有不符，每错一根扣 1 分 （8）编码套管套装不正确，每处扣 1 分 （9）漏接接地线，扣 3 分	
	整体布局	5	（1）面板线路应合理汇集成线束，若有不符，每处扣 1 分 （2）进出线应合理汇集在端子排上，若有不符，每处扣 1 分 （3）整体走线应合理美观，若有不符，每处扣 1 分	
功能测试	不通电检测	10	（1）有故障查不出，扣 10 分 （2）有故障，查出故障但不能排除，扣 5 分	
	电路功能测试 （加电试车）	20	（1）热继电器整定错误，扣 2 分 （2）按下 SB2，电动机不能起动运转，扣 10 分 （3）按下 SB1，电动机不能制动，扣 10 分	
安全文明操作	安全文明操作 （满足评价标准的五条规定得 15 分，有一条不满足则不得分）	15	（1）操作结束后整理现场 （2）穿工作服和绝缘鞋操作 （3）通电试车时，不能跳断路器、烧熔断器和电机等器件 （4）通电试车时，安装板上不乱放工具、导线等 （5）通电试车结束后切断电源	
备注	通电试车前需测试控制电路是否存在短路现象，若存在短路现象则不许通电试车。若发生重大安全事故，总分为 0 分。若在规定的时间内没有完成电路，总分为 0 分。			

知识测评

如图 5-1-9 所示为某机床电路中主轴电机的控制电路。试回答以下问题：

（1）该电路实现了什么功能？

（2）若按下 SB1，电动机实际控制功能是什么？

（3）电路中电阻 R 的作用是什么？

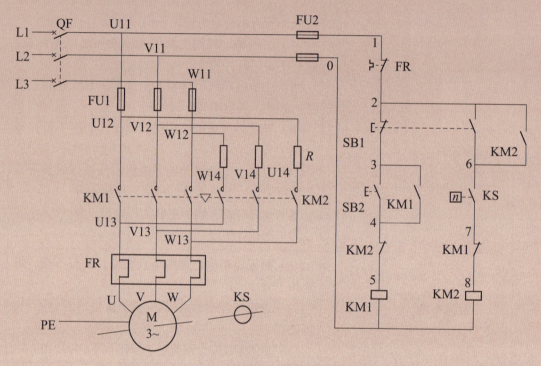

图 5-1-9　某机床电路中主轴电机的控制电路

子模块 2　三相异步电动机能耗制动控制电路的安装与调试

 **学习目标**

1.素养目标

（1）通过学习安全操作规范，增强安全意识。

（2）通过小组讨论、互相督促，逐步形成团结互助的团队精神。

团结协作共获
成功

2.知识目标

（1）能正确分析能耗制动的原理。

（2）能正确分析三相异步电动机能耗制动控制电路的原理。

（3）能够绘制三相异步电动机能耗制动控制电路的原理图、元器件布置图及电气安装接线图。

3.技能目标

（1）学会能耗制动控制电路中低压电器的选用与简单检修。

（2）能按照板前线槽布线工艺要求进行反接制动控制电路的安装与调试。

（3）能根据故障现象分析故障原因，按照正确的检测步骤排除故障，并完成检修记录。

知识模块

一、能耗制动原理

能耗制动是电动机脱离三相交流电源后，给定子绕组加一直流电源以产生静止的磁场，电动机旋转时，转子导体切割该静止磁场产生与其旋转方向相反的力矩，从而达到制动目的的制动方法。制动转矩的大小与直流电流的大小有关，直流电流一般为电动机额定电流的0.5~1倍。三相异步电动机能耗制动的整个过程如图5-2-1所示。

能耗制动的优点是制动力较强，制动平稳，对电网影响小；缺点是需要一套直流电源装置，而且制动转矩随电动机转速的减小而减小，不易制停。因此，若生产机械要求快速停车，则应采用电源反接制动。

能耗制动主要用于容量较大的电动机或制动较频繁的场合，但不适合用于紧急制动停车。

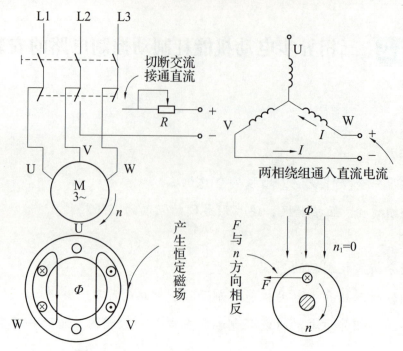

图 5-2-1　三相异步电动机能耗制动过程

二、能耗制动控制电路

1. 电气原理图

对于 10 kW 以上容量的电动机，多采用有变压器单相桥式整流能耗制动自动控制电路，如图 5-2-2 所示。

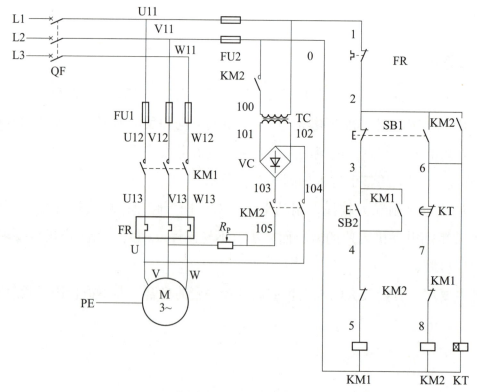

图 5-2-2　三相异步电动机能耗制动控制电路原理图

三相异步电动机能耗制动控制电路

2. 电路的工作原理

合上电源开关。

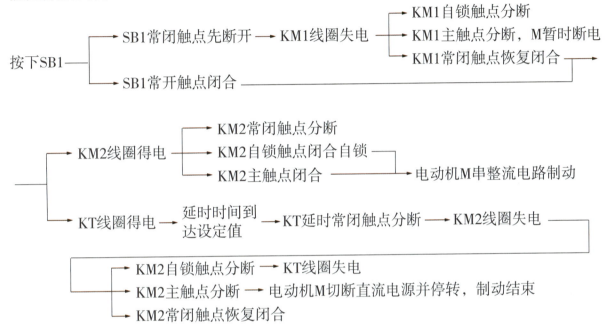

起动：按下SB2 → KM1线圈得电

→ KM1常闭触点分断
→ KM1自锁触点闭合自锁
→ KM1主触点闭合

→ 电动机M起动运转

能耗制动停转：

按下SB1

→ SB1常闭触点先断开 → KM1线圈失电

→ KM1自锁触点分断
→ KM1主触点分断，M暂时断电
→ KM1常闭触点恢复闭合

→ SB1常开触点闭合

KM2线圈得电

→ KM2常闭触点分断
→ KM2自锁触点闭合自锁
→ KM2主触点闭合 → 电动机M串整流电路制动

KT线圈得电 → 延时时间到达设定值 → KT延时常闭触点分断 → KM2线圈失电

→ KM2自锁触点分断 → KT线圈失电
→ KM2主触点分断 → 电动机M切断直流电源并停转，制动结束
→ KM2常闭触点恢复闭合

3. 相关计算

能耗制动所需直流电源一般用以下方法估算所需的直流电源，其具体步骤是（以常用的单相桥式整流电路为例）：

1）首先测量出电动机三根进线中任意两根之间的电阻 R（Ω）。

2）测量出电动机的进线空载电流 I_0（A）

3）能耗制动所需的直流电流 $I_L=KI_0$（A），所需的直流电压 $U_L=I_LR$（V）。其中 K 一般取 3.5~4。若考虑到电动机定子绕组的发热情况，并使电动机达到比较满意的制动效果，对转速高、惯性大的传动装置可取其上限。

4）单相桥式整流电源变压器二次绕组电压和电流有效值分别为：

$$U_2 = \frac{U_L}{0.9}\ (\text{V}), \quad I_2 = \frac{I_L}{0.9}\ (\text{A})$$

变压器计算容量为：

$$S=U_2I_2\ (\text{V}\cdot\text{A})$$

如果制动不频繁，可取变压器实际容量为：

$$S'=\left(\frac{1}{3} \sim \frac{1}{4}\right)S\ (\text{V}\cdot\text{A})$$

5）可调电阻 $R \approx 2\,\Omega$，电阻功率 $P_R=I^2R$（W），实际选用时，电阻功率的值也可以适当选小一些。

操作模块

1. 安全教育

学习电气实训室安全管理规范，增强安全意识。

2. 识读电路图

识读电路图 5-2-2，明确电路所用元器件及其作用，熟悉其工作原理。按照图 5-2-2 所示配齐所需元器件，也可参照表 5-2-1 器具清单配齐所需材料。

经查阅《电工手册》等相关资料和相关计算，三相异步电动机能耗制动控制电路的器具清单如表 5-2-1 所示。

表 5-2-1　器具清单

序号	名称	型号	规格	数量
1	三相异步电动机 M	Y2-112M-4	4 kW、380 V、8.8 A、△接法、1 440 r/min	1
2	断路器	DZ47s-D63	三极、400 V	1
3	熔断器 FU1	RT18-32	500 V、配熔体 25 A	3
4	熔断器 FU2	RT18-32	500 V、配熔体 4 A	2
5	交流接触器 / F4 交流接触器辅助触点	CJX2-2510、F4-22	380 V、25 A	2
6	热继电器 FR	JR36-20/3	三极、20 A、整定电流 8.8 A	1
7	时间继电器 KT	JS23	380 V	1
8	按钮 SB1、SB2	LA4-3H	保护式、按钮数 3	1
9	整流二极管 VC	2CZ30	30 A、600 V	1
10	电阻	ZG11-75A	75 W（外接）	1
	整流变压器 TC	BK-50	50 V·A	
11	端子排	TB-1512/1510	15 A、12 节、600 V/15 A、10 节、600 V	3
12	针型冷压端子	1508、1008、7508		若干
13	导线	BVR	0.75 mm²、1.0 mm²、1.5 mm²	若干
14		配电板 1 块，紧固螺丝与编码套管若干		
15	工具	测电笔、螺丝刀、尖嘴钳、斜口钳、剥线钳、压线钳等		
16	仪表	兆欧表、钳形电流表、万用表		

3. 检测元器件

根据电路图或器具清单配齐元器件，并进行必要的检测。

学生协作按照所学方法对电源开关、熔断器、交流接触器、按钮、热继电器、时间继电器进行检测，按要求调节时间继电器的延时时间和热继电器的整定值，并填写元器件检测记录表 5-2-2。

表 5-2-2　元器件检测记录表

序号	名称	型号	数量	电源开关触点电阻		交流接触器				按钮		热继电器				时间继电器			熔断器
				分闸时触点接触电阻	合闸时触点接触电阻	线圈电阻	主触点	常闭触点	常开触点	常闭触点	常开触点	热元件	常闭触点	常开触点	整定值	延时常开触点	延时常闭触点	延时时间	阻值
1	断路器																		
2	熔断器																		
3	交流接触器																		
4	按钮																		
5	热继电器																		
6	时间继电器																		

4. 安装与接线

（1）绘制元器件布置图和电气安装接线图

根据图 5-2-2 绘出三相异步电动机能耗制动控制电路的元器件布置图和电气安装接线图，学生在图 5-2-3 电气安装接线图中自行连线，并根据元器件布置图安装元器件。在控制板上进行元器件的布置与安装时，各元器件的安装位置应整齐、匀称、间距合理，便于元器件的更换。紧固各元器件时要用力均匀。在紧固熔断器、交流接触器等易碎元器件时，应用手按住元器件，逐渐旋紧螺钉。

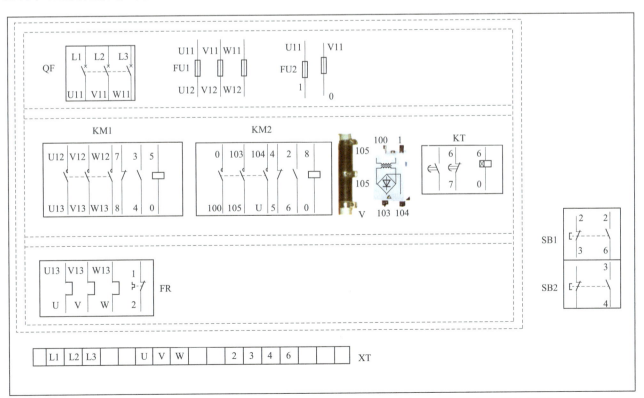

图 5-2-3　三相异步电动机能耗制动控制电路元器件布置图和电气安装接线图

（2）布线

根据电气安装接线图 5-2-3 按照板前线槽布线工艺要求布线，同时剥去绝缘层两端的线头，压接冷压端子，套上与电路图相一致线号的编码套管。对螺旋式熔断器接线时应注意，电源进线接在瓷质底座的下接线端，负载线接在金属螺纹壳相连的上接线端。

（3）检查布线

根据图 5-2-2 所示电路图，检查布线是否有漏接、错位接线的情况。

（4）安装电动机

先连接电动机和所有元器件金属外壳的保护接地线，再连接电源、电动机等控制板外部的导线。

5. 测试

（1）不通电测试

在不接通电的情况下，学生用万用表根据下列测量方法对电路进行检测。

1）按电路图或电气安装接线图从电源端开始，逐段核对接线及接线端子处线号是否正确，有无漏接、错接之处。检查导线接点是否符合要求，压接是否牢固。同时注意接点接触应良好，以避免带负载运转时产生闪弧现象。

2）用万用表检查电路的通断情况。检查时，应选用量程适当的电阻挡。

①主电路接线检测。

断开控制电路，先按照之前介绍的方法检测主电路有无短路现象，再检查主电路的通断情况。首先将 QF 闭合，将万用表的两表笔分别搭在 L1 和 U、L2 和 V、L3 和 W 之间，按下 KM1 衔铁，用万用表测量各相电阻，若阻值基本相等，则表明电路已通。然后把测试结果填入表 5-2-3 中。

②控制电路接线检测（断开主电路）。

起动检测：将万用表两表笔分别搭在 U11、V11 触点线端上，万用表显示应为 ".0L"。按下 SB2 时，万用表读数应为接触器 KM1 线圈的直流电阻值；松开 SB2，按下 KM1 衔铁，使其自锁触点闭合，万用表读数应为 KM1 线圈的直流电阻值。

制动停止检测：按下按钮 SB1 或按下 KM2 触点，万用表读数应为交流接触器 KM2 线圈和时间继电器 KT 线圈的并联直流电阻值，松开 SB1 和 KM2 衔铁，万用表应显示为 ".0L"。然后把测试结果填入表 5-2-3 中。

表 5-2-3　三相异步电动机能耗制动控制电路的不通电测试记录

操作步骤	主电路			控制电路		
	合上电源开关，按下 KM1 衔铁			按下 SB2 或 KM1 衔铁	按下 SB1 或 KM2 衔铁	松开 SB1 和 KM2 衔铁
测试位置	L1—U	L2—V	L3—W	U11—V11	U11—V11	U11—V11
电阻值						

（2）通电测试

在使用万用表检测后，接入电源进行通电测试。通电前，确保电路测量充分，做到应检尽检，在教师的监护下按照下列要求通电。

1）为保证人身安全，在通电试车时，要认真执行安全操作规程的有关规定，一人监护，一人操作。试车前，应检查与通电试车有关的电气设备是否有不安全的因素存在，若查出应立即整改，然后方能试车。

2）通电试车前，必须征得教师的同意，并由指导教师接通三相电源 L1、L2、L3，同时在现场监护。学生合上电源开关后，用测电笔检查熔断器出线端，如果氖管亮，说明电源接通。按照表 5-2-4 的操作步骤操作，观察交流接触器情况是否正常，是否符合电路功能要求，元器件的动作是否灵活，有无卡阻及噪声过大等现象，电动机运行情况是否正常等。但不得对电路接线是否正确进行带电检查。观察过程中，若发现有异常现象，应立即停车。当电动机运转平稳后，用钳形电流表测量三相电流是否平衡。按照顺序测试电路各项功能，并将测试结果填入表 5-2-4 中。

表 5-2-4　三相异步电动机能耗制动控制电路的通电测试记录

操作步骤	合上电源开关	按下 SB2	按下 SB1
电动机动作或交流接触器吸合情况			

3）通电试车完毕后，停转，切断电源。先拆除三相电源线，再拆除电动机线。

6. 故障排除

出现故障后，学生按照故障检修步骤和方法检修电路。若不能检查出故障，小组成员可互帮互助检查电路，也可在教师的指导下进行检修。若需带电检查时，教师必须在现场监护。检修完毕后，如需要再次试车，教师也应该在现场监护，并填好检修记录单表 5-2-5。

表 5-2-5　三相异步电动机能耗制动控制电路检修记录单

序号	设备编号	设备名称	故障现象	故障原因	排除方法	所需材料	维修日期

教师对学生的课堂表现及电路完成的结果进行指标性评价，并填写表 5-2-6。

表 5-2-6　三相异步电动机能耗制动控制电路评价表

评价项目	评价内容	配分	评价标准	扣分
课堂表现	课堂学习参与度	10	不听课、不互动、不参与、不操作，酌情扣分	
	团结协作意识	5	不积极参与小组成员分工协作，酌情扣分	
	语言表达能力	5	不积极参与小组讨论，不能积极地回答问题，酌情扣分	
安装接线	布线图绘制	5	不能完整正确绘制主电路和控制电路，每错一处扣 1 分	
	元器件选择与检测	5	（1）元器件选错，扣 3 分 （2）元器件漏检或错检，每处扣 2 分	
	元器件安装	5	元器件安装不符合要求，不按元器件布置图安装，元器件安装不牢固，元器件安装不整齐、不匀称、不合理，损坏元件，每处扣 2 分	
	布线工艺	15	（1）严禁损伤线芯和导线绝缘层，接线端子上不能漏铜过长，若有不符，每处扣 5 分 （2）每个接线端子上连接的导线根数一般不超过两根，并保证不能压绝缘皮，若有不符，每处扣 3 分 （3）主电路、控制电路、按钮和接地线按要求用软线，若有不符，每错用一根扣 1 分 （4）主电路、控制电路的导线要通过线槽走线，若有不符，每处扣 2 分 （5）线槽内导线不过长、不过紧；导线只能上下进出线槽，若有不符，每处扣 2 分 （6）导线必须规范使用接线端子，若有不符，每处扣 1 分 （7）电源、电动机和控制电路引线在接线端子排上按序分布，若有不符，每错一根扣 1 分 （8）编码套管套装不正确，每处扣 1 分 （9）漏接接地线，扣 3 分	
	整体布局	5	（1）面板线路应合理汇集成线束，若有不符，每处扣 1 分 （2）进出线应合理汇集在端子排上，若有不符，每处扣 1 分 （3）整体走线应合理美观，若有不符，每处扣 1 分	
功能测试	不通电检测	10	（1）有故障查不出，扣 10 分 （2）有故障，查出故障但不能排除，扣 5 分	
	电路功能测试（加电试车）	20	（1）热继电器整定错误，扣 5 分 （2）按下 SB2，电动机不能运转，扣 10 分 （3）按下 SB1，电动机不能制动，扣 10 分	
安全文明操作	安全文明操作（满足评价标准的五条规定得 15 分，有一条不满足则不得分）	15	（1）操作结束后整理现场 （2）穿工作服和绝缘鞋操作 （3）通电试车时，不能跳断路器、烧熔断器和电机等器件 （4）通电试车时，安装板上不乱放工具、导线等 （5）通电试车结束后切断电源	
备注			通电试车前需测试控制电路是否存在短路现象，若存在短路现象则不许通电试车。若发生重大安全事故，总分为 0 分。若在规定的时间内没有完成电路，总分为 0 分。	

知识测评

1.根据本模块所掌握的知识和技能，完成下列问题。

（1）分析三相异步电动机能耗制动的工作原理。

（2）分析能耗制动的优缺点及适用场合。

2.如图5-2-7所示为单向起动能耗制动控制电路。试分析电路哪些地方画错了，请改正。

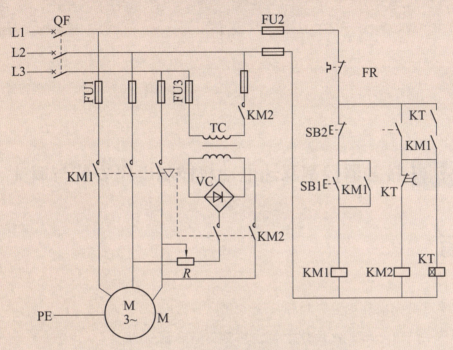

图 5-2-7　单向起动能耗制动控制电路

模块六
双速异步电动机控制电路的安装与调试

 子模块 接触器控制双速电动机控制电路安装与调试

学习目标

1. 素养目标
（1）通过学习安全操作规范，增强安全意识。
（2）鼓励学生提出电路其他设计方案，培养创新和创造力。

2. 知识目标
（1）熟知双速电动机定子绕组的接线方法。
（2）能正确分析接触器控制双速电动机控制电路的原理。
（3）能够绘制接触器控制双速电动机控制电路的原理图、元器件布置图及电气安装接线图。

3. 技能目标
（1）学会接触器控制双速电动机控制电路中低压电器的选用与简单检修。
（2）能按照板前线槽布线工艺要求进行接触器控制双速电动机控制电路的安装与调试。
（3）能根据故障现象分析故障原因，按照正确的检测步骤排除故障，并完成检修记录。

知识模块

改变异步电动机转速可通过三种方法来实现：一是改变电源频率；二是改变转差率；三是改变磁极对数。改变异步电动机的磁极对数调速称为变极调速。变极调速是通过改变定子绕组的连接方式来实现的，它是有级调速，且只适用于笼型异步电动机。磁极对数可改变的电动机称为多速电动机。常见的多速电动机有双速、三速、四速等几种类型。

一、双速电动机定子绕组的连接

双速异步电动机定子绕组的△/YY连接图如图6-1-1所示。图中，三相定子绕组接成△形，由三个连接点接出三个出线端U1、V1、W1，从每相绕组的中点各接出一个出线端U2、V2、W2，这样定子绕组共有6个出线端。通过改变这6个出线端与电源的连接方式，就可以得到两种不同的转速。

电动机低速工作时，就把三相电源分别接在出线端U1、V1、W1上，另外三个出线端U2、V2、W2空着不接，如图6-1-1（a）所示，此时电动机定子绕组接成△形，磁极为4极，同步转速为1 500 r/min。

电动机高速工作时，要把三个出线端U1、V1、W1并接在一起，三相电源分别接到另外三个出线端U2、V2、W2上，如图6-1-1（b）所示，这时电动机定子绕组接成YY形，磁极为2极，同步转速为3 000 r/min。可见，双速电动机高速运转时的转速是低速运转转速的2倍。

值得注意的是，双速异步电动机定子绕组从一种接法改变为另一种接法时，必须把电源相序反接，以保证电动机的旋转方向不变。

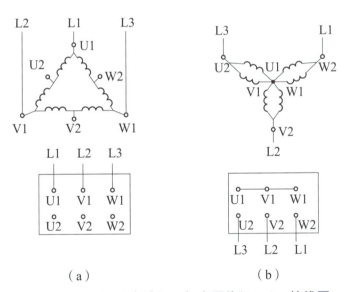

（a）　　　　　　　　（b）

图 6-1-1　双速电动机三相定子绕组△/YY接线图

（a）低速—△形接法（4极）；（b）高速—YY形接法（2极）

二、接触器控制双速电动机控制电路

1. 电气原理图

接触器控制双速电动机控制电路如图6-1-2所示，按钮SB1控制电动机的低速运转，按钮SB2控制电动机的高速运转。

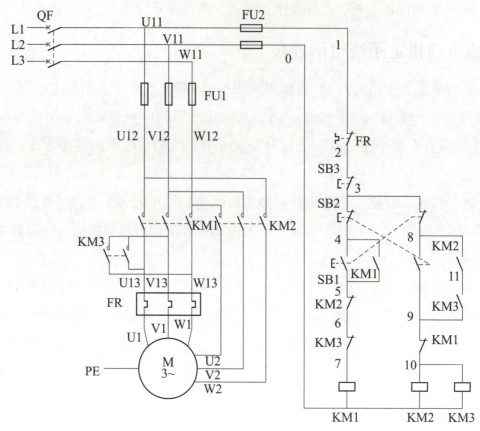

图 6-1-2　接触器控制双速电动机控制电路原理图

2. 电路的工作原理

闭合电源开关 QF。

双速异步电动
机控制电路

"△" 低速起动运转：

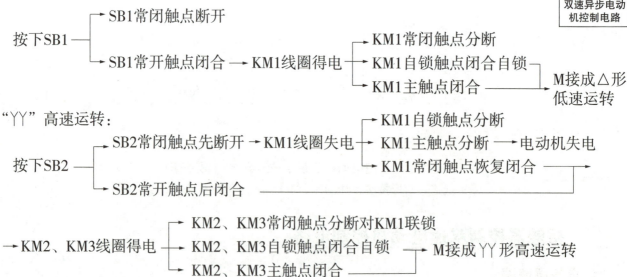

停止：按下SB3 → KM2、KM3线圈失电 → KM2、KM3的触点复位 → 电动机停转

操作模块

1. 安全教育

学习电气实训室安全管理规范，增强安全意识。

2. 识读电路图

识读电路图 6-1-2，明确电路所用元器件及其作用，熟悉其工作原理。按照图 6-1-2 所示配齐所需元器件，也可参照表 6-1-1 器具清单配齐所需材料。

经查阅《电工手册》等相关资料和相关计算，接触器控制双速电动机控制电路的器具清单如表 6-1-1 所示。

表 6-1-1　器具清单

序号	名称	型号	规格	数量
1	三相异步电动机 M	YD112M-4/2	3.3/4 kW、380 V、7.4 A/8.6 A、△/丫丫接法、1 440 r/min 或 2 890 r/min	1
2	断路器	DZ47s-D63	三极、400 V	1
3	熔断器 FU1	RT18-32	500 V、配熔体 25 A	3
4	熔断器 FU2	RT18-32	500 V、配熔体 4 A	2
5	交流接触器 / F4 交流接触器辅助触点	CJX2-2510、F4-22	380 V、25 A	3
6	热继电器 FR	JR36-20/3	三极、20 A、整定电流 8.6 A	1
7	按钮 SB1~SB3	LA4-3H	保护式、按钮数 3	1
8	端子排	TB-1512/1510	15 A、12 节、600 V/15 A、10 节、600 V	3
9	针型冷压端子	1508、1008、7508		若干
10	导线	BVR	0.75 mm²、1.0 mm²、1.5 mm²	若干
11			配电板 1 块，紧固螺丝与编码套管若干	
12	工具		测电笔、螺丝刀、尖嘴钳、斜口钳、剥线钳、压线钳等	
13	仪表		兆欧表、钳形电流表、万用表	

3. 检测元器件

根据电路图或器具清单配齐元器件，并进行必要的检测。

学生协作按照所学方法对电源开关、熔断器、交流接触器、按钮、热继电器等进行检测，按要求调节热继电器的整定值，并填写元器件检测记录表 6-1-2。

表 6-1-2　元器件检测记录表

序号	名称	型号	数量	电源开关触点电阻		交流接触器				按钮		热继电器			熔断器
				分闸时触点接触电阻	合闸时触点接触电阻	线圈电阻	主触点	常闭触点	常开触点	常闭触点	常开触点	热元件	常闭触点	常开触点	整定值	阻值
1	断路器															
2	熔断器															
3	交流接触器															
4	按钮															
5	热继电器															

4. 安装与接线

（1）绘制元器件布置图和电气安装接线图

根据图 6-1-2 绘出接触器控制双速电动机控制电路的元器件布置图和电气安装接线图，学生在图 6-1-3 电气安装接线图中自行连线，并根据元器件布置图安装元器件。在控制板上进行元器件的布置与安装时，各元器件的安装位置应整齐、匀称、间距合理，便于元器件的更换。紧固各元器件时要用力均匀。在紧固熔断器、交流接触器等易碎元器件时，应用手按住元器件，逐渐旋紧螺钉。

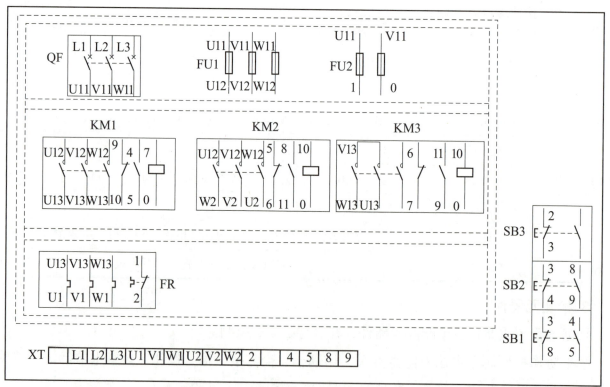

图 6-1-3　接触器控制双速电动机控制电路元器件布置图和电气安装接线图

（2）布线

根据电气安装接线图 6-1-3 按照板前线槽布线工艺要求布线，同时剥去绝缘层两端的线头，压接冷压端子，套上与电路图相一致线号的编码套管。对螺旋式熔断器接线时应注意，电源进线接在瓷质底座的下接线端，负载线接在金属螺纹壳相连的上接线端。

（3）检查布线

根据图 6-1-2 所示电路图，检查布线是否有漏接、错位接线的情况。

（4）安装电动机

先连接电动机和所有元器件金属外壳的保护接地线，再连接电源、电动机等控制板外部的导线。

5. 测试

（1）不通电测试

在不接通电的情况下，学生用万用表根据下列测量方法对电路进行检测。

1）按电路图或电气安装接线图从电源端开始，逐段核对接线及接线端子处线号是否正确，有无漏接、错接之处。检查导线接点是否符合要求，压接是否牢固。同时注意接点接触应良好，以避免带负载运转时产生闪弧现象。

2）用万用表检查电路的通断情况。检查时，应选用量程适当的电阻挡。

①主电路接线检测。

断开控制电路，检查主电路有无开路或短路现象。首先将 QF 闭合，将万用表的两表笔分别搭在 L1 和 U1、L2 和 V1、L3 和 W1 之间，按下 KM1 衔铁，用万用表测量各相电阻，若阻值基本相等，则表明电路已通。将万用表的两表笔分别搭在 L1 和 W2、L2 和 V2、L3 和 U2 之间，按下 KM2 衔铁，万用表测得的相电阻若基本相等，则表明电路已通。然后把测试结果填入表 6-1-3 中。

②控制电路接线检测（断开主电路）。

起动检测：将万用表两表笔分别搭在 U11、V11 触点线端上，万用表应为 ".0L"。按下 SB1 或 KM1 衔铁，万用表读数应为接触器 KM1 线圈的直流电阻值；按下 SB2 时，万用表读数应为接触器 KM2 和 KM3 线圈并联的直流电阻值；松开 SB2，按下 KM2 和 KM3 的衔铁，使其自锁触点闭合，万用表读数应为 KM2 和 KM3 线圈并联的直流电阻值。

停止检测：按住 SB1 或 SB2，再按下停止按钮 SB3，万用表应显示 ".0L"。

表 6-1-3　接触器控制双速电动机控制电路的不通电测试记录

操作步骤	主电路						控制电路			
	合上电源开关，按下 KM1 衔铁			合上电源开关，按下 KM2 衔铁			按下 SB1 或 KM1 衔铁	按 SB2	同时按下 KM2、KM3 的衔铁	按住 SB1 或 SB2，再按下 SB3
测试位置	L1—U1	L2—V1	L3—W1	L1—W2	L2—V2	L3—U2	U11—V11	U11—V11	U11—V11	U11—V11
电阻值										

（2）通电测试

在使用万用表检测后，接入电源进行通电测试。通电前，确保电路测量充分，做到应检尽检，在教师的监护下按照下列要求通电。

1）为保证人身安全，在通电试车时，要认真执行安全操作规程的有关规定，一人监护，一人操作。试车前，应检查与通电试车有关的电气设备是否有不安全的因素存在，若查出应立即整改，然后方能试车。

2）通电试车前，必须征得教师的同意，并由指导教师接通三相电源 L1、L2、L3，同时在现场监护。学生合上电源开关后，用测电笔检查熔断器出线端，如果氖管亮，说明电源接通。按照表 6-1-4 的操作步骤操作，观察交流接触器情况是否正常，是否符合电路功能要求，元器件的动作是否灵活，有无卡阻及噪声过大等现象，电动机运行情况是否正常等。但不得对电路接线是否正确进行带电检查。观察过程中，若发现有异常现象，应立即停车。当电动机运转平稳后，用钳形电流表测量三相电流是否平衡。按照顺序测试电路各项功能，并将测试结果填入表 6-1-4 中。

表 6-1-4　接触器控制双速电动机控制电路的通电测试记录

操作步骤	合上电源开关	按下 SB1	按下 SB2	按下 SB3
电动机动作或交流接触器吸合情况				

3）通电试车完毕后，停转，切断电源。先拆除三相电源线，再拆除电动机线。

6. 故障排除

出现故障后，学生按照故障检修步骤和方法检修电路。若不能检查出故障，小组成员可互帮互助检查电路，也可在教师的指导下进行检修。若需带电检查时，教师必须在现场监护。检修完毕后，如需要再次试车，教师也应该在现场监护，并填好检修记录单表 6-1-5。

表 6-1-5　接触器控制双速电动机控制电路检修记录单

序号	设备编号	设备名称	故障现象	故障原因	排除方法	所需材料	维修日期

操作评价

教师对学生的课堂表现及电路完成的结果进行指标性评价，并填写表 6-1-6。

表 6-1-6　接触器控制双速电动机控制电路评价表

评价项目	评价内容	配分	评价标准	扣分
课堂表现	课堂学习参与度	10	不听课、不互动、不参与、不操作，酌情扣分	
	团结协作意识	5	不积极参与小组成员分工协作，酌情扣分	
	优化设计电路	5	不积极思考电路的多种控制方式，酌情扣分	
安装接线	布线图绘制	5	不能完整正确绘制主电路和控制电路，每错一处扣 1 分	
	元器件选择与检测	5	（1）元器件选错，扣 3 分 （2）元器件漏检或错检，每处扣 2 分	
	元器件安装	5	元器件安装不符合要求，不按元器件布置图安装，元器件安装不牢固，元器件安装不整齐、不匀称、不合理，损坏元件，每处扣 2 分	
	布线工艺	15	（1）严禁损伤线芯和导线绝缘层，接线端子上不能漏铜过长，若有不符，每处扣 5 分 （2）每个接线端子上连接的导线根数一般不超过两根，并保证不能压绝缘皮，若有不符，每处扣 3 分 （3）主电路、控制电路、按钮和接地线按要求用软线，若有不符，每错用一根扣 1 分 （4）主电路、控制电路的导线要通过线槽走线，若有不符，每处扣 2 分 （5）线槽内导线不过长、不过紧，导线只能上下进出线槽，若有不符，每处扣 2 分 （6）导线必须规范使用接线端子，若有不符，每处扣 1 分 （7）电源、电动机和控制电路引线在接线端子排上按序分布，若有不符，每错一根扣 1 分 （8）编码套管套装不正确，每处扣 1 分 （9）漏接接地线，扣 3 分	
	整体布局	5	（1）面板线路应合理汇集成线束，若有不符，每处扣 1 分 （2）进出线应合理汇集在端子排上，若有不符，每处扣 1 分 （3）整体走线应合理美观，若有不符，每处扣 1 分	
功能测试	不通电检测	10	（1）有故障查不出，扣 10 分 （2）有故障，查出故障但不能排除，扣 5 分	
	电路功能测试 （加电试车）	20	（1）热继电器整定错误，扣 5 分 （2）按下 SB2，电动机不能高速运转，扣 5 分 （3）按下 SB1，电动机不能低速运转，扣 5 分 （4）电动机高速、低速运转时转向不一致，扣 5 分	

续表

评价项目	评价内容	配分	评价标准	扣分
安全文明操作	安全文明操作（满足评价标准的五条规定得 15 分，有一条不满足则不得分）	15	（1）操作结束后整理现场 （2）穿工作服和绝缘鞋操作 （3）通电试车时，不能跳断路器、烧熔断器和电机等器件 （4）通电试车时，安装板上不乱放工具、导线等 （5）通电试车结束后切断电源	
备注	通电试车前需测试控制电路是否存在短路现象，若存在短路现象则不许通电试车。若发生重大安全事故，总分为 0 分。若在规定的时间内没有完成电路，总分为 0 分。			

多速异步电动机的变极原理

三相异步电动机中定子绕组的电流方向决定定子绕组形成的磁极对数，只要改变定子绕组的接线方式，就能达到改变磁极对数的目的。由图 6-1-4（a）所示的接线方式可见，此时 U 相绕组的磁极数为 4，若改变绕组的连接方式，使一半绕组中的电流方向改变，如图 6-1-4（b）所示，则此时 U 相绕组的磁极数变为 2。因此，当每相定子绕组中有一半绕组的电流方向改变时，即达到了变极调速的目的。

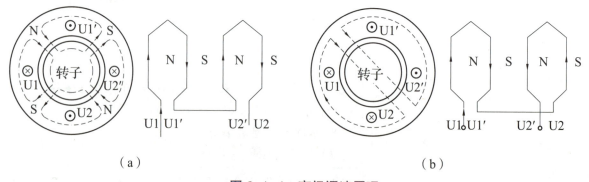

（a）   （b）

图 6-1-4　变极调速原理

采用改变定子绕组极数的方法实现调速的异步电动机称为多速异步电动机。下面简单介绍双速异步电动机的变极原理。图 6-1-5 所示为 △/丫丫 连接的双速异步电动机定子绕组接线图。当将 U1、V1、W1 接三相电源时，每相绕组的两组线圈为正向串联连接，电流方向如图 6-1-5 中虚线箭头所示，对应于图 6-1-4（a），因此磁极数为 4。如果把 U1、V1、W1 点接在一起，将 U2、V2、W2 接到电源上，就成了双星形（丫丫）连接，每相绕组中有一半反接了，电流如图 6-1-5 中实线箭头所示，对应图 6-1-4（b），这时的磁极数为 2，即实现了变极调速。

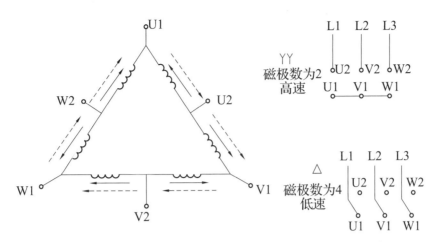

图 6-1-5 △/YY连接的双速异步电动机定子绕组接线图

知识测评

图 6-1-6 为双速异步电动机按钮控制直接起动电路的主电路和控制电路图。试问：

（1）当实现低速运行时，定子绕组怎么连接？当实现高速运行时，定子绕组怎么连接？

（2）信号灯 HL1、HL2 分别指示电动机的什么工作状态？

（3）与按钮 SB2 并联的交流接触器 KM1 辅助常开触点的作用是什么？辅助常闭触点 KM1 和 KM2、KM3 与相关线圈的连接的作用是什么？

（4）欲实现电动机从低速→高速→停车的工作过程，按钮的操作顺序是怎样的？

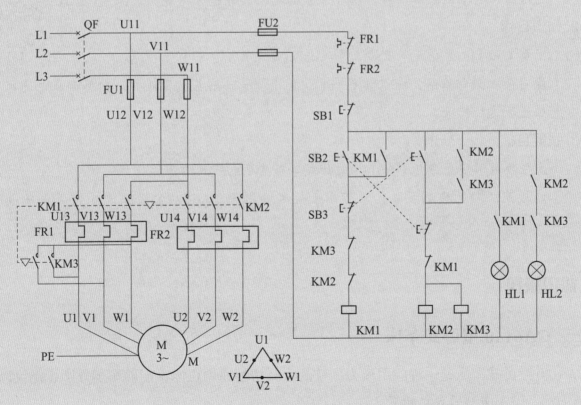

图 6-1-6 双速异步电动机按钮控制直接起动电路

子模块 1　CA6140 型卧式车床电气电路的故障检修

 **学习目标**

1. 素养目标

（1）通过学习安全操作规范，增强安全意识。

（2）通过机床电路的故障检修，培养学生的思维和综合分析能力。

安全用电
珍爱生命

2. 知识目标

（1）了解 CA6140 型卧式车床的工作状态及操作方法。

（2）能看懂机床电路图，能识读 CA6140 型卧式车床的电气原理图，熟悉车床电气元器件的分布位置和走线情况。

3. 技能目标

（1）能根据故障现象分析 CA6140 型卧式车床常见电气故障原因，确定故障范围。

（2）能按照正确的检测步骤，用万用表检查并排除 CA6140 型卧式车床常见电气电路故障。

 **知识模块**

一、CA6140 型卧式车床

CA6140 型卧式车床是一种应用极为广泛的金属切削通用机床，能够车削外圆、螺纹以及定型表面等。该车床型号含义如下：

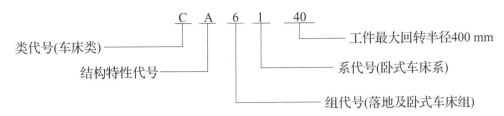

类代号(车床类)　C A 6 1 40

结构特性代号

工件最大回转半径400 mm

系代号(卧式车床系)

组代号(落地及卧式车床组)

1. 主要结构及运动形式

CA6140 型卧式车床主要由床身、主轴箱、进给箱、溜板箱、刀架、尾架、冷却装置等部件组成，其外形结构示意图如图 7-1-1 所示。

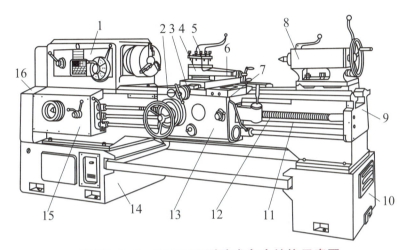

图 7-1-1　CA6140 型卧式车床结构示意图

1—主轴箱；2—纵溜板；3—横溜板；4—转盘；5—刀架；6—小溜板；7—操纵手柄；8—尾架；9—床身；
10—右床座；11—光杠；12—丝杠；13—溜板箱；14—左床座；15—进给箱；16—交换齿轮架

车床主要运动形式有切削运动、进给运动、辅助运动。切削运动包括工件旋转的主运动和刀具的直线进给运动；进给运动为刀架带动刀具的直线运动；辅助运动为尾架的纵向移动、工件的夹紧和放松等运动。

2. 电力拖动特点及电气控制要求

1）主轴电动机一般选用三相交流笼型异步电动机，是自锁单向控制，不进行电气调速，采用齿轮箱进行机械有级调速。

2）车床在车削螺纹时，要求主轴有正反转，主轴通过机械方法实现正反转。

3）主轴电动机的容量不大，采用直接起动。

4）加工螺纹时，刀具移动和主轴转动有固定的比例关系，以满足对螺纹加工的需要。

5）车削加工时，需用切削液对刀具和工件进行冷却，故配有冷却泵电动机，拖动冷却泵输出冷却液。

6）冷却泵电动机与主轴电动机之间是顺序控制，即冷却泵电动机应在主轴电动机起动后才可以起动；主轴电动机不起动，冷却泵电动机不能起动；而当主轴电动机停止时，冷却泵电动机则立即停止。

7）为实现溜板箱的快速移动，应由单独的快速移动电动机拖动，且采用点动控制。

8）电路必须有过载、短路、欠电压、失电压保护和安全可靠的照明电路和信号电路。

二、CA6140 型卧式车床电气原理图分析

CA6140 型卧式车床电气原理图如图 7-1-2 所示。

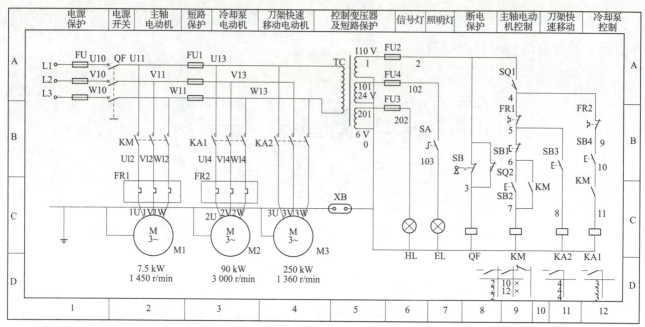

图 7-1-2　CA6140 型卧式车床电气原理图

1. 主电路分析

三相交流电源通过断路器引入。主电路共有三台电动机，分别为主轴电动机、冷却泵电动机和刀架快速移动电动机。M1 为主轴电动机，由交流接触器 KM 控制，带动主轴旋转和刀架的进给运动；M2 为冷却泵电动机，由中间继电器 KA1 控制，输送切削液；M3 为刀架快速移动电动机，由 KA2 控制，用以拖动刀架快速移动。主轴的旋转方向、主轴的变速和刀架的移动方向均由机械控制实现。

FR1、FR2 分别为主轴电动机和冷却泵电动机提供过载保护，FU1 作为冷却泵电动机 M2、刀架快速移动电动机 M3、控制变压器 TC 一次绕组的短路保护。

2. 控制电路分析

控制回路的电源由控制变压器 TC 二次侧输出 110 V 电压提供，FU2 为控制回路提供短路保护。在正常工作时，行程开关 SQ1 的常开触点闭合，SB 和 SQ2 处于断开状态，QF 线圈不通电，断路器 QF 能合闸。SQ2 装于配电箱门后，打开配电箱门时，SQ2 恢复闭合，QF 线圈得电，断路器 QF 自动断开，切断电源进行安全保护。

1）主轴电动机 M1 的控制。为保证人身安全，车床正常运行时必须将传动带罩合上，位置开关 SQ1 装于主轴传动带罩后，起断电保护作用。

M1 起动：

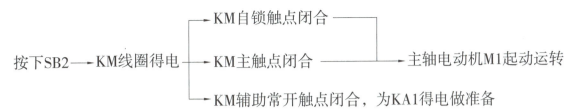

M1 停止：

按下 SB1 → KM 线圈断电 → KM 主触点复位 → M1 断开三相交流电，停止运转

2）冷却泵电动机 M2 的控制。在接触器 KM 线圈得电吸合、主轴电动机 M1 起动后，闭合 SB4，中间继电器 KA1 线圈得电，冷却泵电动机 M2 才能起动。KM 线圈断电，主轴电动机 M1 停转后，M2 自动停止运行。因此，冷却泵电动机 M2 与主轴电动机 M1 采用了顺序控制。

3）刀架快速移动电动机 M3 的控制。刀架快速移动电动机 M3 的起动，由安装在进给操作手柄顶端的按钮 SB3 点动控制，它与中间继电器 KA2 组成点动控制环节。刀架移动方向（前、后、左、右）的改变，是由进给操作手柄配合机械装置实现的。如需要快速移动，按下 SB3 即可。

3. 照明和信号回路分析

控制变压器 TC 的二次侧输出的 6 V、24 V 电压分别作为信号及车床照明电路的电源，FU3、FU4 分别为各自回路的短路保护。

操作模块

1. 安全教育

学习电气实训室安全管理规范，增强安全意识。

2. 识读机床电气原理图

识读电气原理图 7-1-2，明确电路所用元器件及其作用，熟悉其工作原理。梳理 CA6140 型卧式车床电气电路的故障检修所需要的工具、仪表及器材，也可参照表 7-1-1 器具清单配齐所需材料。

表 7-1-1 器具清单

序号	种类	名称
1	工具	测电笔、螺丝刀（十字槽、一字槽）、尖嘴钳、斜口钳、剥线钳、压线钳等
2	仪表	兆欧表、钳形电流表、万用表
3	器材	CA6140 型卧式车床或 CA6140 型卧式车床模拟电气控制柜、走线槽、各种规格的软线和紧固件、金属软管、编码套管等

3. 操作车床

学生在教师的指导下对车床进行操作，熟悉车床的主要结构和运动形式，了解车床的各种工作状态和操作方法，其操作步骤如下。

1）开机前检查。打开电气柜门，检查各电气元件安装是否牢固，各电气开关是否合上，接线端子压接是否牢固。检查完毕后合上电气柜门。

2）接通电源。合上电源总开关 QF，接通车床电源。

3）起动主轴电动机 M1。按下 SB2，交流接触器 KM 线圈得电吸合自锁，主轴电动机 M1 得电起动运转。向上抬起机械操纵手柄，主轴正转；向下压下机械操纵手柄，主轴反转。

4）起停冷却泵电动机 M2。合上 SB4，冷却泵电动机 M2 起动；断开 SB4，冷却泵电动机 M2 停止。

5）停止主轴电动机。按下按钮 SB1，主轴电动机 M1 停止。

6）起停刀架快速移动电动机 M3。按下点动按钮 SB3，刀架快速移动电动机 M3 起动运转，带动刀架快速移动；松开 SB3，刀架快速移动电动机 M3 断电停转，刀架停止移动。

7）关机操作。练习完成后，断开电源总开关 QF，以确保设备和人身安全。

4. 熟悉车床元器件位置和走线路径

参照图 7-1-3 所示位置图，在教师的指导下，熟悉各电气元件的位置和作用，熟悉车床的走线情况，并通过测量等方法找出各回路的实际走线路径。

查找线路实际走线路径的方法是：首先根据电器位置图确定电路中各电气元件的位置，然后结合原理图，结合实际电气设备的编码套管号找出走线路径。

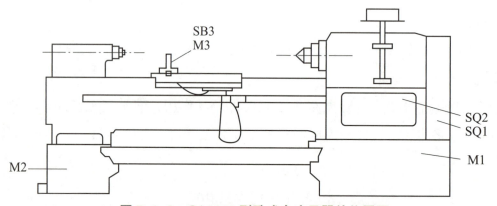

图 7-1-3　CA6140 型卧式车床元器件位置图

5. 常见故障分析

教师设置常见故障，学生操作 CA6140 型卧式车床观察故障现象。教师根据故障现象结合 CA6140 型卧式车床电气原理图分析故障原因。CA6140 型卧式车床的常见故障如下。

（1）主轴电动机 M1 起动后不能连续运转

这种故障的主要原因是接触器 KM 的自锁触点接触不良或连接导线松脱。

（2）主轴电动机 M1 不能停车

这种故障的原因多是停止按钮 SB1 触点直通或电路中 5、6 两点连接导线短路；接触器 KM 的主触点熔焊；接触器铁芯表面粘有污垢。

可采用下列方法判明是哪种原因造成电动机 M1 不能停车：若断开 QF，接触器 KM 释放，则说明故障为 SB1 触点直通或导线短接；若接触器过一段时间释放，则故障为铁芯表面粘有污垢；若断开 QF，接触器 KM 不释放，则故障为主触点熔焊。

（3）主轴电动机 M1 在运行中突然停车

这种故障的主要原因是由于热继电器 FR1 动作。引起热继电器 FR1 动作的原因可能是：三相电源电压不平衡，电源电压较长时间过低、负载过重以及 M1 的连接导线接触不良等。

（4）刀架快速移动电动机 M3 不能起动

首先检查 FU2 熔体是否熔断；其次检查中间继电器 KA2 触点的接触是否良好；若无异常再按下 SB3，若继电器 KA2 不吸合，则故障必定在控制电路中。这时依次检查 FR1 的常闭触点、点动按钮 SB3 及继电器 KA2 的线圈是否有断路现象。

6. 观摩检修

由教师在 CA6140 型卧式车床上人为设置自然故障点，进行示范检修，边分析边检查，直至故障排除。当需要打开配电箱门进行带电检修时，先将 SQ2 的传动杆拉出，断路器 QF 仍可合上。关上配电箱门后，SQ2 复原，恢复保护作用。

故障检修时一般先观察故障现象，根据故障现象确定故障范围，最后在故障范围内用一定的测试方法找出故障点并排除。下面以主轴电动机 M1 不能起动为例示范检修过程。

故障一：故障发生在主电路和电源电路上。

（1）故障现象

合上电源开关，按下起动按钮 SB2，接触器 KM 吸合，M1 不能起动。

（2）分析故障现象确定故障范围

根据故障现象分析故障必然发生在电源电路和主电路上。

（3）确定故障点

1）合上断路器 QF，将万用表拨到交流 500 V 以上挡位，测量交流接触器 KM 受电端 U11、V11、W11 点之间的电压，若电压是 380 V，则电路正常。

2）断开断路器 QF，将万用表拨到蜂鸣挡，将交流接触器的衔铁强制按下，测量交流接触器 KM 的输入和输出端 U11—U12、V11—V12、W11—W12，若万用表发出蜂鸣声，说明所测电路正常。依次检查 FR1 的输入和输出端 U12—1U、V12—1V、W12—1W，在测量 V12-1V 两端时，若万用表不发出声响，说明电路不通。

（4）修复故障

经检查，发现 FR1 的出线端 1V 处接线脱落。将脱落的线重新接牢固。修复故障后，重新通电试车，电动机 M1 正常起动。

故障二：故障发生在控制电路上。

（1）故障现象

合上断路器 QF，按下 SB2，KM 不吸合，按下 SB3 时，KA2 吸合。

（2）分析故障现象确定故障范围

根据故障现象分析 KM 和 KA2 的公共控制电路部分（0—1—2—4—5）正常，故障范围在 KM 的线圈支路部分（5—6—7—0）。

（3）确定故障点

用电压测量法检测图 7-1-4 所示控制电路的故障点。

1）测量检查时，先将万用表的转换开关置于交流电压 500 V 以上的挡位上。

2）检测时，在松开按钮 SB2 的条件下，按照图 7-1-4 所示，从大范围到小范围逐级检查电路电压。将黑表笔接图 7-1-4 中的点 0，再用红表笔去测量点 5，若电路正常，则应为 110 V。然后，按住 SB2 不放，黑表笔不动，红表笔依次接到 6、7 两点上，分别测量 6—0、7—0 两点间的电压。若测到 6—0 阶无电压，则为 SB1 的常闭触点故障（断开），更换按钮 SB1 或将脱落线接好；若测到 7—0 阶无电压，则 SB2 故障（断开），更换按钮 SB2 或将脱落线接好；若测到 7—0 阶有电压，则 KM 线圈开路或接线脱落。

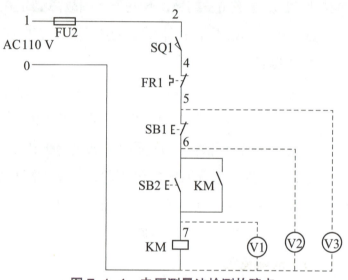

图 7-1-4　电压测量法检测故障点

按照上述方法测试，发现 6—0 阶无电压，则说明 5、6 两点间有故障——SB1 的常闭触点接触不良，修复 SB1 的常闭触点或更换按钮。修复故障后，重新通电试车，电动机 M1 正常起动。

观察教师示范检修时，注意体会以下检修步骤及要求：

1）通电试验，注意观察故障现象。

2）根据故障现象，依据电路图用逻辑分析法初步确定故障范围，并在电路图中标出最小故障范围。

3）采取适当的检查方法查出故障点，并正确排除故障。

4）检修完毕后进行通电试车，并做好维修记录。

7. 检修训练

教师设置人为的 1~2 个自然故障点，学生分组按照规范的检修步骤进行故障检查与排除练习，并填写检修记录单表 7-1-2。

表 7-1-2　CA6140 型卧式车床检修记录单

序号	设备编号	设备名称	故障现象	故障原因	排除方法	所需材料	维修日期

在车床上人为设置自然故障。故障的设置应注意以下几点：

1）人为设置的故障必须是车床在工作中由于受外界因素影响而造成的自然故障。

2）不能设置更改电路或更换元器件等非自然故障。

3）设置故障不能损坏电路元器件，不能破坏电路美观；不能设置易造成人身事故的故障；尽量不设置易引起设备事故的故障。

8. 注意事项

1）检修前要认真阅读并分析电路图，熟练掌握各个控制环节的原理及作用，并认真观摩教师的示范检修。

2）工具和仪表的使用应符合使用要求。

3）检修时，严禁扩大故障范围或产生新的故障点；不得采用更换元件、改变电路的方法修复故障。

4）停电后要验电，带电检修时，必须有指导教师在现场监护，以确保用电安全，同时要做好训练记录。

特别注意：不论电路通电还是断电，都不能用手直接去触摸金属触点！必须借助仪表来测量。

🔘 操作评价

教师对学生电路完成的结果进行指标性评价，并填写表 7-1-3。

表 7-1-3　CA6140 型卧式车床电气电路故障检修评价表

评价内容	配分	评价标准	扣分
观察故障现象	20	有两个故障，观察不出故障现象，每个扣 10 分	
分析故障	40	（1）故障判断不正确，每次扣 10 分 （2）故障范围判断过大或过小，每超过一个元器件或导线标号，扣 5 分，直至扣完配分为止	
排除故障	40	不能排除故障，每个扣 20 分	

评价内容	配分	评价标准	扣分
其他		（1）不能正确使用仪表，扣 10 分 （2）拆卸无关的导线端子和元器件，每次扣 5 分 （3）扩大故障范围，每个故障扣 5 分 （4）违反电气安全操作规程，造成安全事故者，酌情扣分 （5）修复故障过程中超时，每超时 5 分钟扣 5 分	
开始时间		结束时间		成绩		评分人		

🎯 **拓展教学**

机床电气原理图的识读和电路故障检修的步骤

一、机床电气原理图的识读

机床电气原理图是用来表明机床电气的工作原理及各电气元件的作用、相互之间的关系的一种表示方式。机床电气原理图的识读和分析，对于分析电气电路、排除机床电路故障是十分有意义的。机床电气原理图一般由主电路、控制电路、照明电路、指示电路等几部分组成。识读方法如下：

1. 主电路的识读

识读主电路时，首先了解主电路中有哪些用电设备，各起什么作用，由哪些电器来控制，采取哪些保护措施。

2. 控制电路的识读

识读控制电路时，根据主电路中接触器的主触点编号，找到相应的线圈以及控制部分，依次分析出电路的控制功能。一般看电路的原则是先简后繁、先易后难，从局部到整体，最后综合起来分析，就可以全面读懂控制电路。

3. 照明电路的识读

识读照明电路时，查看变压器的电压比及照明灯的额定电压。

4. 指示电路的识读

识读指示电路时，了解这部分的内容，很重要的一点是：当电路正常工作时，该电路是机床正常工作状态的指示；当机床出现故障时，该电路是机床故障信息反馈的依据。

二、机床电路故障检修的步骤

1. 检修前的故障调查

1）问。询问机床操作人员故障发生前后的情况如何及故障发生后的症状，有无经过保养检修或更改线路等。

2）看。观察熔断器内的熔体是否熔断；保护元件脱扣动作情况；接线脱落松动情况；触点是否氧化、积尘或熔焊等。要特别注意高电压、大电流的地方，活动机会多的部位，容易受潮的接插件等。

3）听。细听电动机、变压器、接触器等元件的声音是否正常，可以帮助寻找故障的范围、部位。

4）摸。电动机、电磁线圈、变压器等发生故障时，温度会显著上升，切断电源后用手去触摸，判断元器件是否正常。

5）闻。在确保安全的前提下，闻一闻电动机、接触器和继电器等的绝缘层以及导线的橡胶塑料层是否有烧焦的气味。

2. 确定故障范围

对简单电路，可采取每个元器件或每根连接导线逐一检查的方法确定故障范围。对于复杂的电路，应根据工作原理和故障现象，采取逻辑分析法和试验法等确定故障范围。

3. 查找故障点

选择合适的检修方法查找故障点。查找故障点必须在确定的故障范围内，顺着检修思路逐点检查，直到找出故障点。

4. 排除故障

针对不同故障情况和部位采取正确的方法修复故障。对更换的新元件要注意尽量使用相同规格、型号，并确认性能完好后方可替换。在故障排除中，避免损坏周围的元器件、导线等，防止故障扩大。

5. 通电试车

故障修复后，应重新通电试车，检查生产机械的各项操作是否符合技术要求。

知识测评

1. CA6140型卧式车床的电气保护措施有_____、_____、_____。

2. CA6140型卧式车床的运动形式包括_____、_____。

3. CA6140型卧式车床电动机没有反转控制，而主轴有反转要求，是靠_____实现的。

4. CA6140型卧式车床的过载保护采用（　　　），短路保护采用（　　　），失电压保护采用（　　　）。

　　A. 接触器自锁　　　　　　B. 熔断器　　　　　　　　C. 热继电器

5. 主轴电动机断相运行时会发出"嗡嗡"声，输出转矩下降，可能（　　　）。

　　A. 烧毁电动机　　　　　B. 烧毁控制电路　　　　　C. 使电动机加速运转

6. CA6140型卧式车床的主轴电动机因过载而自动停车后，操作者立即按起动按钮，但电动机不能起动，试分析可能的原因。

子模块 2 X62W 型万能铣床电气电路的故障检修

学习目标

1. 素养目标

（1）通过学习安全操作规范，增强安全意识。

（2）通过机床电路的故障检修，培养学生分析问题、解决问题的能力。

2. 知识目标

（1）了解 X62W 型万能铣床的工作状态及操作方法。

（2）能看懂机床电路图，能识读 X62W 型万能铣床的电气原理图，熟悉铣床电气元器件的分布位置和走线情况。

3. 技能目标

（1）能根据故障现象分析 X62W 型万能铣床常见电气故障原因，确定故障范围。

（2）能用电压法检查 X62W 型万能铣床常见故障，排除故障并能通电试车。

知识模块

一、X62W 型万能铣床

万能铣床是一种通用的多用途机床，可用来加工平面、斜面、沟槽；装上分度头后，可以铣切直齿轮和螺旋面；加装回转工作台，可以铣切凸轮和弧形槽。铣床的控制是机械与电气一体化的控制。该铣床型号含义如下：

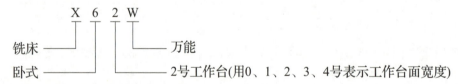

1. 主要结构及运动形式

X62W 型万能铣床的主要结构由床身、底座、主轴、刀杆支架、悬梁、工作台、回转盘、横溜板、升降台等部分组成，其外形结构如图 7-2-1 所示。

在床身的前面有垂直的导轨，升降台可以沿着它上、下移动。在升降台上面的水平导轨上装有可在平行主轴轴线方向移动（前、后移动）的横溜板。横溜板上部有可转动的回转盘，工作台就在回转盘的导轨上做垂直于主轴轴线方向的移动（左、右移动）。因此，固定在工作台上的工件就可以在 3 个坐标的 6 个方向（上下、左右、前后）上调整位置或进给。

图 7-2-1　X62W 型万能铣床

1—床身；2—主轴；3—悬梁；4—刀杆支架；5—工作台；6—回转盘；7—横溜板；8—升降台；9—底座

X62W 型万能铣床的主运动是指主轴带动铣刀的旋转运动；进给运动是指工件随工作台在前后、左右和上下 6 个方向上的运动以及圆形工作台的旋转运动；辅助运动包括工作台的快速运动及主轴和进给的变速冲动。

2. 电力拖动特点及电气控制要求

1）在铣削加工中，有顺铣和逆铣两种加工方式，这要求主轴电动机 M1 正转顺铣，反转逆铣。主轴电动机 M1 的正反转由转向开关 SA3 控制。停车时，主轴电动机 M1 采用电磁离合器制动以实现准确停车。

2）铣床的工作台要求有前后、左右和上下 6 个方向上的进给运动和快速移动，由进给电动机 M2 采用正反转控制。在铣削加工时，任何时刻工件都只能有一个方向的进给运动，因此采用了机械操作手柄和行程开关相配合的方式来实现 6 个运动方向的联锁。为扩大加工能力，在工作台上可加装圆形工作台，圆形工作台的回转运动是由进给电动机经传动机构驱动的。

3）主轴运动和进给运动采用变速盘进行速度选择，为保证变速齿轮能很好地啮合，主轴和进给变速后，都要求电动机做瞬时点动，即调整变速盘时采用变速冲动控制。

4）为了更换铣刀方便、安全，设置换刀开关 SA1。换刀时，一方面将主轴制动，另一方面将控制电路切断，避免出现人身事故。

5）有必要的短路、过载保护。

二、X62W 型万能铣床电气原理图分析

X62W 型万能铣床电气原理图如图 7-2-2 所示，线路分为主电路、控制电路和照明电路。

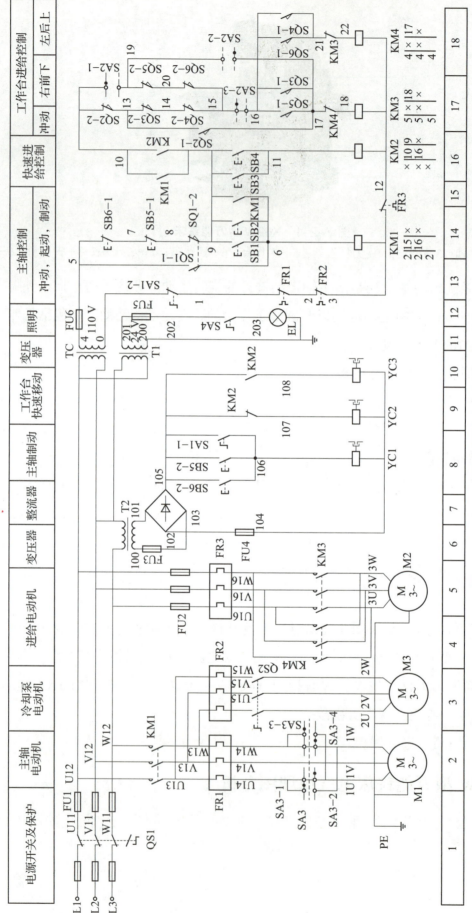

图 7-2-2 X62W 型万能铣床电气原理图

1. 主电路分析

主电路共有 3 台电动机，分别是主轴电动机、进给电动机和冷却泵电动机。主轴电动机 M1 由交流接触器 KM1 控制，驱动主轴带动铣刀旋转，SA3 作为 M1 的换向开关；进给电动机 M2 的正反转由交流接触器 KM3、KM4 来控制，驱动进给运动和快速移动，操纵手柄和机械离合器的配合实现工作台前后、左右、上下 6 个方向的进给运动和快速移动；冷却泵电动机 M3 由手动开关 QS2 控制，供应切削液。主轴电动机 M1 和冷却泵电动机 M3 采用的是顺序控制，只有当 M1 起动后 M3 才能起动。

FU1 为主电路提供短路保护，FU2 为 M2 所在的主电路提供短路保护；FR1、FR2、FR3 分别为 3 台电动机提供过载保护。

2. 控制电路分析

控制电路的电源由控制变压器 TC 输出 110 V 交流电压供电。

（1）主轴电动机 M1 的控制

为方便操作，主轴电动机的起动、停止以及快速进给控制均采用两地控制方式，一组安装在工作台上，另一组安装在床身上。

1）主轴电动机 M1 的起动。主轴电动机起动之前，根据加工工艺要求确定是顺铣还是逆铣，选择好主轴的转向，将换向开关 SA3 扳到所需的转向位置。然后，按下主轴起动按钮 SB1 或 SB2，交流接触器 KM1 得电吸合并自锁，主轴电动机 M1 直接起动运行，同时 KM1 的辅助常开触点（9—10）闭合，接通进给电路的电源，保证了只有先起动主轴电动机，才可起动进给电动机。

2）主轴电动机 M1 的制动。停车时使主轴迅速停转，通过电磁离合器对主轴制动。当按下停止按钮 SB5-1 或 SB6-1（14 区）时，交流接触器 KM1 线圈失电，KM1 主触点分断，电动机 M1 断电做惯性运转；常开触点 SB5-2 或 SB6-2 闭合，电磁离合器 YC1 吸合，将摩擦片压紧，对主轴电动机进行制动，直到主轴停止转动，才可松开停止按钮。

3）主轴换刀控制。为避免发生事故，在上刀或换刀时，主轴应处于制动状态。将换刀制动开关 SA1 拨至"接通"位置，其常闭触点 SA1-2（13 区）断开控制电路，保证在换刀时铣床不通电、没有任何动作；其常开触点 SA1-1（8 区）接通 YC1，使主轴处于制动状态。换刀结束后，将 SA1 扳回"断开"位置。

4）主轴变速冲动。主轴的变速是通过改变齿轮的传动比实现的。为了保证变速时齿轮组能很好地重新啮合，设置了主轴变速冲动。变速由一个变速手柄和一个变速盘来实现，有 18 级不同转速（30~1 500 r/min）。变速时先将变速手柄向下压并向外拉出，使齿轮组脱离啮合；再转动蘑菇形变速手轮，调到所需转速上，将变速手柄推回。在手柄复位的过程中，变速冲动开关 SQ1 短时受压，SQ1-2 常闭触点（14 区）先断开，常开触点（13 区）后闭合，KM1 线圈瞬时通电，主轴电动机 M1 瞬时点动，利于齿轮的重新啮合。当手柄推回原位后，SQ1 复位，主轴电动机 M1 断电，变速冲动结束。若瞬时点动一次未能实现齿轮啮合，可重复进行上述动作，直至齿轮实现良好啮合。

（2）进给电动机 M2 的控制

工作台的进给运动分为工作（正常）进给和快速进给。工作进给只有在主轴电动机 M1 起动后才可进行；快速进给是点动控制，可以在 M1 不起动的情况下进行。因此，进给电动机 M2 在主轴电动机 M1 或冷却泵电动机 M3 起动后才能起动。SQ5、SQ6 控制工作台向右和向左运动，SQ3、SQ4 控制工作台向前、向下和向后、向上运动。它们分别由两个电磁离合器 YC2 和 YC3 来实现。当左边的离合器 YC2 吸合时，连接工作台的进给传动链；当右边的离合器 YC3 吸合时，连接快速移动传动链。

1）工作台的左右（纵向）进给运动。左右进给操作手柄与行程开关 SQ5、SQ6 联动，有左、中、右 3 个位置。当手柄扳向中间位置时，行程开关 SQ5 和 SQ6 均未被压合，进给控制电路处于断开状态；当手柄扳向左或右位置时，手柄压下 SQ5 或 SQ6，同时将电动机的传动链与左右移动丝杆相连。其控制过程如下：

起动主轴电动机，当左右进给操作手柄扳向左边时，联动机构将电动机的传动链拨向工作台下面的丝杠，使电动机的动力通过该丝杠作用于工作台，同时压下位置开关 SQ5-1（17 区），线路 9→KM1 常开触点→10→SQ2-2→13→SQ3-2→14→SQ4-2→15→SA2-3→16→SQ5-1→17→KM4 常闭触点→18→KM3 线圈路径形成通路，KM3 线圈得电吸合，进给电动机 M2 正转，带动工作台向左运动。

同理，当左右进给操作手柄扳向右时，SQ6 被压下，接触器 KM4 线圈得电，进给电动机 M2 反转，工作台向左右运动。进给到位后将手柄扳至中间位置，SQ5 或 SQ6 复位，KM3 或 KM4 线圈断电，电动机的传动链与左右丝杠脱离，M2 停转。若在工作台左右极限位置装设限位挡铁，当挡铁碰撞到手柄连杆时，把手柄推至中间位置，电动机 M2 停转实现终端保护。

2）工作台的上下（垂直）与前后（横向）进给运动。工作台的上下与前后进给运动由一个十字手柄操纵，该手柄有 5 个位置，即上、下、前、后、中间。当手柄向上或向下时，传动机构将电动机传动链与升降台上下移动丝杠相连；当手柄向前或向后时，传动机构将电动机传动链与溜板下面的丝杠相连；手柄在中间位时，传动链脱开，电动机停转。手柄扳至向下（或向前）位置，压下位置开关 SQ3，交流接触器 KM3 得电吸合，进给电动机 M2 正转，带动工作台做向下（或向前）运动。

同理，将手柄扳到向上（或向后）位，SQ4 被压下，交流接触器 KM4 得电吸合，M2 反转，带动工作台做向上（或向后）运动。

通过以上分析可见，两个操作手柄中的一个被置于某一方向后，压下 4 个行程开关 SQ3、SQ4、SQ5、SQ6 中的一个开关，接通电动机 M2 正转或反转电路，同时通过机械机构将电动机的传动链与三根丝杠（左右丝杠、上下丝杠、前后丝杠）中的一根（只能是一根）丝杠相搭合，驱动工作台沿选定的进给方向运动。

3）进给变速时的点动。和主轴变速时一样，进给变速时，为使齿轮易于啮合，需要进给电动机瞬时点动一下。其操作顺序是：先必须把进给操作手柄放在中间位置，然后将进给变速的蘑菇形手柄拉出，转动变速盘，选择好速度，最后将手柄继续向外拉到极限位置，随即推回原位，变速结束。就在手柄拉到极限位置的瞬间，位置开关 SQ2 被压动，SQ2-2 先断开，SQ2-1 后闭合，接触器 KM3 经 10→SA2-1→19→SQ5-2→20→SQ6-2→15→SQ4-2→14→SQ3-2→13→SQ2-1→17→KM4 常闭触点→18→KM3 线圈路径得电，进给电动机瞬时正转。在手柄推回原位时 SQ2 复位，KM3 断电释放，M2 失电停转，故进给电动机只瞬动一下。齿轮系统产生一次抖动，齿轮实现了顺利啮合。

4）工作台快速移动。为提高生产效率，减少生产辅助工时，在不进行铣削加工时，可使工作台快速移动。快速移动是通过两个进给操作手柄和快速移动按钮 SB3 或 SB4 配合实现的。当工作台工作进给时，再按下快速移动按钮 SB3 或 SB4，接触器 KM2 得电吸合，其常闭触点（9 区）断开电磁离合器 YC2，将齿轮传动链与进给丝杠分离；KM2 常开触点（10 区）接通电磁离合器 YC3，将电动机 M2 与进给丝杠直接搭合。YC2 的失电以及 YC3 的得电，使进给传动系统跳过了齿轮变速链，电动机直接驱动丝杠套，工作台按进给手柄的方向快速进给。松开 SB3 或 SB4，KM2 断电释放，快速进给过程结束，恢复原来的进给传动状态。

接触器 KM1 的常开触点（16 区）与 KM2 的常开触点并联，保证在主轴未起动时，工作台也可以快速移动，从而提高了工作效率。

5）回转工作台的控制。当需要加工螺旋槽、弧形槽和弧形面时，可在工作台上加装回转工作台。使用回转工作台时，先将回转工作台控制开关 SA2 扳到"接通"位置，再将工作台的进给操纵手柄全部扳到中间位，按下主轴起动按钮 SB1 或 SB2，接触器 KM1 得电吸合，主轴电动机 M1 起动，电流经 10→13→14→15→20→19→17→18→12 路径使 KM3 线圈得电，进给电动机 M2 正转，带动回转工作台做旋转运动。回转工作台只能沿一个方向做回转运动。

进给变速和回转工作台工作时，两个进给操作手柄必须处于中间位置。若出现误操作，扳动两个进给手柄中的任一个，则必然压合 SQ3~SQ6 四个位置开关中的一个，都会使 M2 停止工作，实现了机械与电气配合的联锁控制。

（3）冷却泵及照明电路控制

主轴电动机起动后，扳动组合开关 QS2 可控制冷却泵电动机 M3。照明电路由变压器提供 24 V 电压，用开关 SA4 控制，熔断器 FU5 作为照明电路的短路保护。

1. 安全教育

学习电气实训室安全管理规范，增强安全意识。

2. 识读机床电气原理图

识读电气原理图 7-2-2，明确电路所用元器件及其作用，熟悉其工作原理。梳理 X62W 型万能铣床电气电路的故障检修所需要的工具、仪表及器材，也可参照表 7-2-1 器具清单配齐所需材料。

表 7-2-1　器具清单

序号	种类	名称
1	工具	测电笔、螺丝刀（十字槽、一字槽）、尖嘴钳、斜口钳、剥线钳、压线钳等
2	仪表	兆欧表、钳形电流表、万用表
3	器材	X62W 型万能铣床或 X62W 型万能铣床模拟电气控制柜、走线槽、各种规格的软线和紧固件、金属软管、编码套管等

3. 操作车床

学生在教师的指导下对铣床进行操作，熟悉铣床的主要结构和运动形式，了解铣床的各种工作状态及操作手柄的作用。

4. 熟悉车床元器件位置和走线路径

在教师的指导下，熟悉各电气元件的位置和作用，熟悉车床的走线情况，并通过测量等方法找出各回路的实际走线路径。

查找线路实际走线路径的方法是：首先根据电器位置图确定电路中各电气元件的位置，然后结合原理图，结合实际电气设备的编码套管号找出走线路径。

5. 常见故障分析

教师设置常见故障，学生操作 X62W 型万能铣床模拟电气控制柜观察故障现象。教师根据故障现象结合 X62W 型万能铣床电气原理图分析故障原因。X62W 型万能铣床的常见故障如下。

（1）主轴电动机 M1 不能起动

首先检查各开关是否处于正常工作位置，然后检查三相电源、熔断器、热继电器的常闭触点、两地起停按钮以及交流接触器 KM1 有无电器损坏、接线脱落、接触不良、线圈断路等现象。另外，还应检查主轴变速冲动开关 SQ1，由于开关位置移动甚至撞坏或常闭触点 SQ1-2 接触不良而引起电路的故障也不少见。

（2）工作台各个方向都不能进给

铣床工作台的进给运动是通过进给电动机 M2 的正反转配合机械传动来实现的。若各个方向都不能进给，多是由于进给电动机 M2 不能起动引起的。检修故障时，首先检查回转工作台的控制开关 SA2 是否处在"断开"位置。若没问题，接着检查控制主轴电动机的接触器 KM1 是否已吸合。因为只有接触器 KM1 吸合后，接触器 KM3、KM4 才能得电。如果接触器 KM1 不能吸合，可检测控制变压器 TC 是否正常，熔断器是否熔断。若接触器 KM1 吸合，主轴旋转后，若各个方向仍无进给运动，可扳动进给手柄至各个运动方向，观察其相关的接触器是否吸合，若吸合，则表明故障发生在主回路和进给电动机上，常见的故障有接触器主触点接触不良、主触点脱落、机械卡死、电动机接线脱落和电动机绕组断路等。除此以外，变速冲动开关 SQ2-2 在复位时不能闭合接通，或接触不良，也会使工作台没有进给。

（3）工作台能向左、右进给，不能向前、后、上、下进给

这种故障的原因可能是控制左右进给的位置开关 SQ5 或 SQ6 由于经常被压合，使螺钉松动、开关移位、触点接触不良、开关机构卡住等，使电路断开或开关不能复位闭合，电路 19—20 或 20—15 断开。而操作工作台向前、后、上、下运动时，位置开关 SQ3-2 或 SQ4-2 也被压开，切断了进给接触器 KM3、KM4 的通路。因此，工作台只能左、右运动，而不能前、后、上、下运动。

（4）工作台能向前、后、上、下进给，不能向左、右进给

出现这种故障的原因可参照上面说明进行分析，故障元件可能是行程开关 SQ3、SQ4 常闭触点出现故障。

（5）工作台不能快速移动，主轴制动失灵

这种故障一般是电磁离合器工作不正常。首先应检查接线有无松脱，整流变压器 T2、熔断器 FU3 和 FU6 的工作是否正常，整流器中的四个整流二极管是否损坏，电磁离合器线圈是否正常，离合器的动摩擦片和静摩擦片是否完好。

（6）变速时不能冲动控制

这种故障多数是冲动行程开关 SQ1 或 SQ2 受到频繁冲击而不能正常工作，使电路断开，从而造成主轴电动机 M1 或进给电动机 M2 不能瞬时点动。

6. 观摩检修

教师在 X62W 型万能铣床上模拟电气控制柜设置故障点，进行示范检修，边分析边检查，直至故障排除。故障检修时一般先观察故障现象，根据故障现象确定故障范围，最后在故障范围内用一定的测试方法找出故障点并排除。

教师示范检修步骤如下：

（1）观察故障现象

合上电源开关后，YC2 指示灯亮，按下停止按钮，YC1 亮，拨动换刀自动开关 SA1，YC2 也是亮的。由此推出辅助控制电路（8、9 区）没有故障。按下起动按钮、快进按钮和切换工作台的工作方式，电路板没有任何反应。

（2）分析故障现象确定故障范围

根据故障现象分析，可能是电源没有进入控制电路。将万用表拨到交流 750 V 的挡位，检测变压器 TC 二次侧的 4 和 0 号线之间的电压，万用表显示 120 V，则表明电压正常。

电压正常，而按钮都无效，则说明故障出现在控制电路的公共部分，即 4→5 和 0→1→2→3 的公共部分出现故障。

（3）确定故障点

把 X62W 型万能铣床上模拟电气控制柜的电源断开。将万用表拨到蜂鸣挡，分段测试电路的通断。将万用表的两表笔分别接到图 7-2-3 变压器的 4 线号端和 SB6-1 的 5 线号端，万用表发出蜂鸣声，则表明电路已通。将万用表的两表笔接到变压器的 0 线号端和 SA1-2 的 0 线号端，万用表发出蜂鸣声，则表明电路已通。依次把万用表放到 SA1-2 的 0 线号端和 SA1-2 的 1 线号端，万用表发出蜂鸣声，则表明电路已通。把万用表接到 SA1-2 的 1 线号端和 FR1 的 1 线号端，万用表不发出声响，则说明电路不通，发生故障。

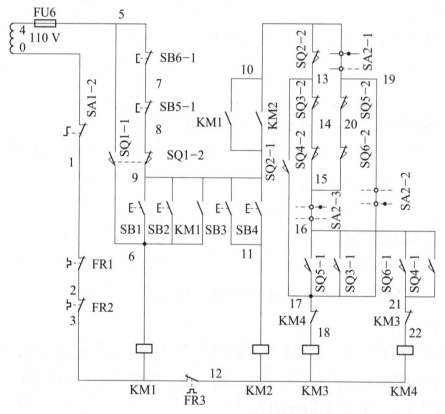

图 7-2-3　电阻分断法检测故障点

（4）修复故障

在 X62W 型万能铣床上模拟电气控制柜上修复故障点，再次通电试车。

7. 检修训练

教师在 X62W 型万能铣床上模拟电气控制柜设置 1~2 个故障点，学生分组按照规范的检修步骤进行故障检查与排除练习，并填写检修记录单表 7-2-2。

表 7-2-2　X62W 型万能铣床检修记录单

序号	设备编号	设备名称	故障现象	故障原因	排除方法	所需材料	维修日期

操作评价

教师对学生电路完成的结果进行指标性评价，并填写表 7-2-3 评价表。

表 7-2-3　X62W 型万能铣床电气电路故障检修评价表

评价内容	配分	评价标准	扣分
观察故障现象	20	有两个故障，观察不出故障现象，每个扣 10 分	
分析故障	40	（1）故障判断不正确，每次扣 10 分 （2）故障范围判断过大或过小，每超过一个元器件或导线标号，扣 5 分，直至扣完配分为止	
排除故障	40	不能排除故障，每个扣 20 分	
其他		（1）不能正确使用仪表，扣 10 分 （2）拆卸无关的导线端子和元器件，每次扣 5 分 （3）扩大故障范围，每个故障扣 5 分 （4）违反电气安全操作规程，造成安全事故者，酌情扣分 （5）修复故障过程中超时，每超时 5 min，扣 5 分	
开始时间		结束时间　　　　成绩　　　　评分人	

拓展教学

机床电气电路故障检查的常用方法

检查故障的方法有电压测量法、电阻测量法、短接法、等效替代法等。电压测量法有电压分阶测量法和电压分段测量法；电阻测量法有电阻分段测量法和电阻分阶测量法。电压分阶测量法和电阻分段测量法在前面模块中已做介绍。下面介绍电压分段测量法、电阻分阶测量法和短接法。

1. 电压分段测量法

电压分段测量法如图 7-2-4 所示。断开主电路，接通控制电路的电源。若按下起动按钮 SB2，交流接触器 KM1 不吸合，则说明控制电路有故障。

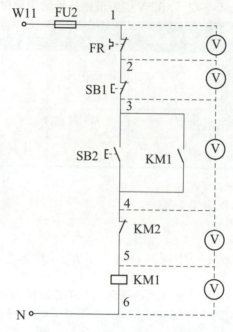

图 7-2-4　电压分段测量法

检查时把万用表扳到交流电压 500 V 以上挡位上。首先用万用表测量 1、6 两点间的电压，若电压为 220 V，则说明控制电路的电源正常。然后按住起动按钮 SB2 不放，同时用万用表的红、黑表笔逐段测量相邻两点 1—2、2—3、3—4、4—5、5—6 间的电压，根据测量结果即可找出故障原因。电压分段测量法查找故障原因见表 7-2-4。

表 7-2-4　电压分段测量法查找故障原因

故障现象	测试状态	分段电压 /V					故障原因
		1—2	2—3	3—4	4—5	5—6	
按下 SB2 时，KM1 不吸合	按住 SB2 不放	220	0	0	0	0	FR 常闭触点接触不良或接线脱落
		0	220	0	0	0	SB1 常闭触点接触不良或接线脱落
		0	0	220	0	0	SB2 常开触点接触不良或接线脱落
		0	0	0	220	0	KM2 常闭触点接触不良或接线脱落
		0	0	0	0	220	KM1 线圈断路

2. 电阻分阶测量法

电阻分阶测量法如图 7-2-5 所示。按下起动按钮 SB2，交流接触器 KM1 不吸合，该电路有断路故障。用万用表的电阻挡检测前应先断开电源，按住 SB2 不放，先测量 1—6 两点间的电阻，如电阻值为"∞"，说明 1—6 之间的电路有断路。然后分阶测量 1—2、1—3、1—4、1—5、1—6 各点间电阻值。若两点间的电阻值为"0"则说明该两点间电路正常；当测量到某标号间的电阻值为"∞"，则说明表笔刚跨过的触点或连接导线断路。

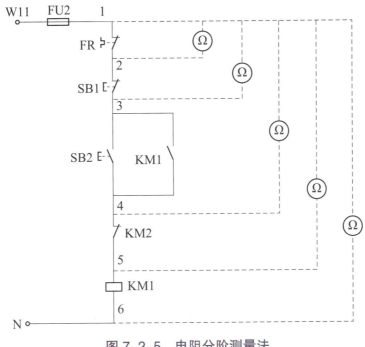

图 7-2-5　电阻分阶测量法

根据其测量结果即可找出故障原因。电阻分阶测量法查找故障原因见表 7-2-5。

表 7-2-5　电阻分阶测量法查找故障原因

故障现象	测试状态	分阶电阻					故障原因
		1—2	1—3	1—4	1—5	1—6	
按下 SB2 时，KM1 不吸合	按住 SB2 不放	∞					FR 常闭触点接触不良或接线脱落
		0	∞				SB1 常闭触点接触不良或接线脱落
		0	0	∞			SB2 常开触点接触不良或接线脱落
		0	0	0	∞		KM2 常闭触点接触不良或接线脱落
		0	0	0	0	∞	KM1 线圈断路

3. 短接法

短接法是用一根绝缘良好的导线，把所怀疑的断路部位短接，如短接过程中电路被接通，则说明该处断路。这种方法是检查线路断路故障的一种简便可靠的方法。短接法分为局部短接法和长短接法两种。

（1）局部短接法

用局部短接法检查故障如图 7-2-6 所示。按下起动按钮 SB2，若 KM1 不吸合，说明电路有故障。检查前，先用万用表测量 1—6 两点之间的电压，若电压正常，可按下 SB2 不放，然后用一根绝缘良好的导线分别短接标号相邻的两点 1—2、2—3、3—4、4—5（注意绝对不能短接 1—6 两点，否则会造成电源短路），当短接到某两点时，交流接触器 KM1 动作，则说明故障点在该两点之间，局部短接法查找故障原因见表 7-2-6。

表 7-2-6　局部短接法查找故障原因

故障现象	短接点标号	KM1 的动作	故障原因
按下 SB2 时， KM1 不吸合	1—2	吸合	FR 常闭触点接触不良或接线脱落
	2—3	吸合	SB1 常闭触点接触不良或接线脱落
	3—4	吸合	SB2 常开触点接触不良或接线脱落
	4—5	吸合	KM2 常闭触点接触不良或接线脱落

（2）长短接法

长短接法是一次短接两个或两个以上触点来检查故障的方法。

在图 7-2-7 所示电路中，当 FR 的常闭触点和 SB1 的常闭触点同时接触不良时，若用局部短接法短接 1—2 两点，按下 SB2，KM1 仍不能吸合，则可能造成判断错误。而用长短接法将 1—5 两点短接，如果 KM1 吸合，则说明 1—5 这段电路上有断路故障，然后短接 1—3 和 3—5，若短接 1—3 时，交流接触器吸合，则故障点在 1—3 范围内，再用局部短接法短接 1—2 和 2—3，便能找出故障点。

长短接法把故障范围缩小到一个较小的范围，长短接法和局部短接法结合使用，可以很快就能找出故障点。

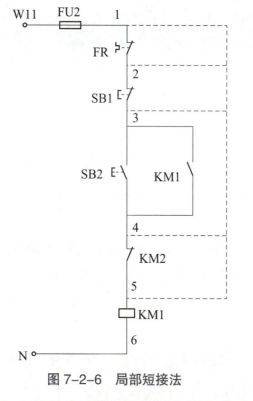

图 7-2-6　局部短接法

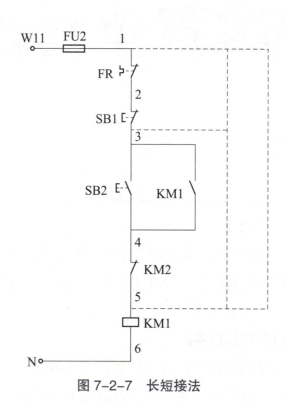

图 7-2-7　长短接法

（3）用短接法检测故障时的注意事项

1）用短接法检测时，因为是用手拿着绝缘导线带电操作，所以一定要注意用电安全，不能触及带电的线芯，有条件的应戴绝缘手套操作。

2）短接法一般只适用于检查压降极小的导线和触点之类的断路故障，不能在主电路中使用，且绝对不能短接负载或压降较大的元件，如电阻、线圈、绕组等，否则将发生短路现象。

3）对于生产机械的某些重要部位，必须在保证电气设备和机械部件不会出现事故的情况下，才能使用短接法。

知识测评

1. X62W 型万能铣床主轴为满足顺铣和逆铣的工艺要求，需正反转控制，采用的方法是（   ）。

A. 操作前，通过换向开关进行方向预选

B. 通过正反接触器改变相序控制电动机正反转

C. 通过机械方法改变其传动链

D. 其他方法

2. 工作台没有采取制动措施，是因为（   ）。

A. 惯性小　　　　　　　　B. 速度不高且用丝杠传动　　　　　C. 有机械制动

3. 工作台进给必须在主轴起动后才允许，是为了（   ）。

A. 安全的需要　　　　　　B. 加工工艺的需要　　　　　　　　C. 电路安装的需要

4. 若主轴未起动，工作台（   ）。

A. 不能有任何进给　　　　B. 可以进给　　　　　　　　　　　C. 可以快速进给

5. 当用回转工作台加工时，两个操作手柄均置于零位，控制开关 SA2 置于回转工作台方式，则有（   ）。

A. SA2-1、SA2-3 断开，SA2-2 闭合

B. SA2-1、SA2-3 闭合，SA2-2 断开

C. SA2-1、SA2-2 断开，SA2-3 闭合

参考文献

[1] 赵承荻，王玺珍，陶艳. 电机与电气控制技术［M］. 4 版. 北京：高等教育出版社，2018.

[2] 孙克军. 电工手册［M］. 2 版. 北京：机械工业出版社，2022.

[3] 王仁祥. 常用低压电器原理及其控制技术［M］. 3 版. 北京：机械工业出版社，2021.

[4] 李先知，高红灵. 电工基本技能与实训［M］. 南京：江苏教育出版社，2013.

[5] 谢京军. 电力拖动控制线路与技能训练［M］. 6 版. 北京：中国劳动社会保障出版社，2021.

[6] 刘沂，陈宝玲. 电气控制技术［M］. 3 版. 大连：大连理工大学出版社，2014.

[7] 邱勇进. 电工线路安装与调试［M］. 北京：化学工业出版社，2017.

[8] 赵红顺. 电气控制技术实训［M］. 2 版. 北京：机械工业出版社，2019.

[9] 王兵. 常用机床电气检修［M］. 2 版. 北京：中国劳动社会保障出版社，2014.

[10] 蔡跃. 职业教育活页式教材开发指导手册［M］. 上海：华东师范大学出版社，2020.

[11] 王亚盛，张传勇，于春晓. 职业教育新型活页式、工作手册式、融媒体教材系统设计与开发指南［M］. 北京：化学工业出版社，2021.